QRMS 译丛

装备科技译著出版基金

创新型科技组织的全面风险和机会管理
——概念与操作实例

Enterprise Risk and Opportunity Management:
Concepts and Step-by-Step Examples for Pioneering
Scientific and Technical Organizations

【美】艾伦·S. 本杰明（Allan S. Benjamin） 著

周苏闽 刘 剑 等译

国防工业出版社

·北京·

著作权合同登记　图字：01—2023—0736 号

图书在版编目（CIP）数据

创新型科技组织的全面风险和机会管理：概念与操作实例／（美）艾伦·S. 本杰明著；周苏闽等译．—北京：国防工业出版社，2023.7
（QRMS 译丛）
书名原文：Enterprise Risk and Opportunity Management：Concepts and Step-by-Step Examples for Pioneering Scientific and Technical Organizations
ISBN 978-7-118-12926-7

Ⅰ．①创… Ⅱ．①艾… ②周… Ⅲ．①企业管理-风险管理-研究 Ⅳ．①F272.35

中国国家版本馆 CIP 数据核字（2023）第 132427 号

Translation from the English Language edition：
Enterprise Risk and Opportunity Management：Concepts and Step-by-Step Examples for Pioneering Scientific and Technical Organizations
By Allan S. Benjamin
ISBN 978-1-119-28842-8
Copyright © 2017 John Wiley & Sons, Inc.
All Rights Reserved. This translation published under license with the original publisher by John Wiley & Sons, Inc. Responsibility for the accuracy of the translation rests solely with National Defense Industry Press and is not the responsibility of John Wiley & Sons, Inc. No part of this book may be reproduced in any form without the written permission of the original copyright holder, John Wiley & Sons, Inc.

本书简体中文版有 John Wiley & Sons, Inc. 授权国防工业出版社独家出版发行。
版权所有，侵权必究。

※

国防工业出版社出版发行
（北京市海淀区紫竹院南路 23 号　邮政编码 100048）
北京虎彩文化传播有限公司印刷
新华书店经售

*

开本 710×1000　1/16　插页 4　印张 15¾　字数 270 千字
2023 年 7 月第 1 版第 1 次印刷　印数 1—1500 册　定价 118.00 元

（本书如有印装错误，我社负责调换）

国防书店：（010）88540777　　书店传真：（010）88540776
发行业务：（010）88540717　　发行传真：（010）88540762

译 者 序

装备重大工程项目和创新型科技组织的任务和性质具有典型的高风险特点，重大工程系统复杂、创新型科技组织任务新，研制周期中不可控的因素多，最新技术的应用、未知领域的任务，会带来应用环境和新领域探索的技术风险；经费预算削减、项目研制进度缩短、专业人员更换等因素，会带来管理风险；技术风险和管理风险最终会构成任务风险。因此，装备重大工程项目和创新型科技组织中，实施全面风险和机会管理，将风险决策和风险管理纳入整个工程项目和组织体系是非常必要的。通过各项风险和机会管理活动，促进项目和组织的战略规划、风险控制和绩效评估。本书通过美国国家航空航天局（NASA）重大工程项目的风险和机会管理实例，分析总结了在工程项目和组织的不同层级推进全面风险和机会管理策略、风险控制方法和风险决策评估等。

本书在基于知识的预先风险评估、结构化的风险管理程序、全过程的风险因素监控等方面提供了大量的分析实例和模板，将全面风险和机会管理的理念、方法、原则转化为适用于组织和重大工程领域的策略和实践，具有较高的技术水平，可以为重大工程项目、科研机构、创新型科技组织提供风险管理的专业性指导。

本书共 10 章，第 1~2 章由周苏闰翻译，第 3~7 章由刘剑翻译，第 8~10 章由蒋辰迪翻译；周苏闰负责全书的翻译策划，刘剑、于远、王靖负责全书统稿和审校。

本书基于 NASA 全面风险和机会管理的理念与应用实践，可适用于不同背景的装备研制单位、重大型号项目的学习和实践；本书可以作为型号设计师、专业工程师、风险评估人员以及其他科研人员、管理人员的科研参考资料，也可以作为高校相关专业的本科生、研究生的专业教材和参考书；书中引用了大量的参考文献，这些资料可以为读者在该领域进一步研究和学习提供有益的帮助。本书中所有数据的全彩色版本可在 www.wiley.com/go/enterpriserisk 查询，密码为 risk17。

本书在版权引进和出版过程中，得到了装备科技译著出版基金的资助，在此表示衷心的感谢。

由于译者和审校者水平有限，书中可能存在一些翻译语句不太顺畅，错误和不当之处在所难免，敬请读者批评指正。

译 者
2023 年 5 月

前　言

我已经为写这本书准备很多年了。在最近的几年里，我的主要工作是与美国国家航空航天局（NASA）合作编制工作指南，详细说明该机构可使用的全面风险和机会管理的潜在方法，以帮助其在复杂任务中获得成功。这次合作促成了 NASA 特别报告《全面风险和机会管理：供 NASA 参考的概念和程序》的出版。

在撰写上述特别报告的过程中，我将 NASA 最初的目标做了两个扩展。首先，如何将全面风险和机会管理（EROM）应用于其他创新型的技术组织，包括非营利组织和商业组织，我曾与其中的有些组织在风险和机会评估和管理方面合作过。其次，如何将 EROM 与内部控制措施的识别、实施和评价相结合，以符合联邦政府的新要求。因此，这本书以 NASA 的特别报告为基础，扩展了它的适用范围，使之普遍适用于开展前沿技术研究、将研究集成到复杂技术系统中付诸实施，以及满足外部监管要求的各种组织。

有人可能会问："在过去的 10 年或 15 年里，已经有很多关于 EROM 的图书了，为什么还要再出一本呢？"答案是，在此之前出现的绝大多数图书，都是面向商业和金融组织的，这些组织的目标是为他们的公司和股东获得最终的经济收益。然而，以开发和实施风险性技术为主要目标的组织，面临着不同类型的风险和不同类型的机会。在许多方面，以开发和实施风险性技术为主要目标的组织，所面临的风险和机会，比传统商业/金融组织的风险和机会更广泛、更具有挑战性，因为他们的成功突破可能造福整个世界，而他们的失败则可能相应地产生负面的全球影响。他们像商业/金融组织一样，也面临着紧张的进度要求、不断减少的预算和变幻莫测的政治压力。

撰写本书的另一个原因是填补空白，即说明如何将其他机构（如美国反虚假财务报告委员会下属的发起人委员会（COSO））提出的抽象风险管理原则，转化为可操作的方法和工具。在创新型的技术企业中，EROM 的实践涉及在一个高度不确定性的领域中，处理大多数为定性的数据。在这样的环境中，EROM 的严谨性体现在组织如何为分析结论提供有力依据。因此，本书的很大一部分工作，涉及由此衍生出的任务和模板。这些任务和模板，有助于确保分析结论背后的依据，既合理又全面。满足这个需求也是本书的重点之一。

美国行政管理和预算局（OMB）、美国政府问责局（GAO）和总统管理委员会（PMC）等政府机构，开始鼓励甚至要求在联邦机构中应用 EROM，许多一流的教育和研究中心，正在或已经开始将 EROM 纳入其战略规划。希望本书在鼓励和宣传这些努力方面，具有特别的价值。

用联邦全面风险管理协会（AFERM）前任主席 Thomas H. Stanton 的话来说（引自 AFERM 2015 年第二季度通信）："在那些面临严重预算削减的机构中，拥有强健风险管理程序与方法的机构，相比那些缺乏识别、分级分类和管控重大风险能力的机构，在保护其核心使命和任务、组织与雇员的福祉方面可能表现得更好。若没有有效的全面风险管理所提供的保护，重大风险可能会不断出现。"

我要特别感谢 NASA 安全与任务保证办公室的系统安全和风险管理技术研究员 Homayoon Dezfuli 博士，以及信息系统实验室公司（ISL）的技术风险管理办公室经理 Chris Everett，我与他合作设计了 EROM 整合框架，并通过 NASA/ISL 一揽子采购协议（BPA）开发了先前的 NASA 特别报告。特别感谢 NASA 的以下专业人士，他们审阅了这项工作并帮助改进了其内容：Julie Pollitt（退休），Chet Everline，Martin Feather，Sharon Thomas，Emma Lehnhardt，Jessica Southwell（现供职于劳工部），Prince Kalia，Harmony Myers，Anthony Mittskus，Sue Otero，Wayne Frazier，Kimberly Ennix Sandhu 和 Pete Rutledge（退休，现供职于质量保证和风险管理公司）。

引　言

全面风险和机会管理（EROM），也称为全面风险管理（ERM），是组织在制定其战略目标时，在通过一系列的总项目组合、项目、机构资产和活动来实现这些目标时，在通过内部控制对这些目标进行管理时，所运用的考虑风险和机会因素的方法。EROM 总体目标，是帮助组织在最小化潜在损失（风险）和最大化潜在收益（机会）之间，达成最佳平衡。

本书侧重于 EROM 框架和总体方法的研究，以服务于创新技术活动，并应用于复杂系统组织，以下称为"技术研究、集成和运营企业"或技术研究、集成和运营（TRIO）企业。EROM 框架适用于政府机构等非营利性组织，这些组织的职能主要是为公众提供服务及实现技术收益。另外，该框架已被扩展，也可适用于商业 TRIO 企业，对商业 TRIO 企业而言，技术创新和技术应用是实现其经济效益的手段。

本书讨论了 TRIO 企业的 EROM 哲学基础、EROM 与现有管理程序的整合，以及在此背景下实施的 EROM 活动的属性。本书还提供了围绕上述主题的应用实例，包括一组与所有 EROM 方法相关的核心原则和示例，以及针对 TRIO 企业的一些个性化特点。

本书还提供了旨在帮助联邦机构遵守 OMB 要求的指南，这些要求体现在 OMB 的 A-11 和 A-123 号最新通告中。2016 年 7 月更新的 A-123 号通告，指示联邦政府机构应根据"成熟度模型方法"，逐步将风险管理和内部控制活动完全整合到 EROM 框架中。本书讨论了满足这些要求所需的组织结构和分析工具。

第 1 章和第 2 章的内容，主要是针对高层级的经理人和管理层，帮助他们了解如何将 EROM 应用于 TRIO 企业，以及相关的 EROM 组织要素的内容和一般性概念。第 1 章以 EROM 入门的形式呈现，回答了以下基本问题：EROM 如何在高层级上运作，如何契合创新型技术企业，如何与现有管理架构协同运作，如何促进与外部机构的互动，如何将其应用于整个组织及其内部的各个管理单位。第 2 章讨论了 EROM 如何与大多数技术型企业的主要管理职能相协调，如何帮助形成和加强这些管理职能内部、之间和外部的信息沟通，如何在与许多国内和国际合作伙伴互动的 TRIO 企业中实施，以及如何帮助企业满足联邦机构规定的强制要求。

第 3 章和第 4 章的内容，更多地针对技术经理和实践者，帮助他们了解一些更重要的技术细节,以及在 TRIO 企业实施 EROM 的要点。第 3 章为 TRIO 企业在 EROM 分析中开展的活动提供指导,包括如何建立风险容忍度和机会偏好,如何准确对风险和机会情景进行描述和分类,如何识别、跟踪和评价潜在重要风险和机会的指标,如何从指标中推断每个目标的总体实现程度,如何评价潜在的未知和低估(UU)风险,如何得出风险和机会驱动因素,以及如何识别和评价风险应对措施,包括风险缓解、机会利用和内部控制措施。第 4 章提供了在 TRIO 企业内实施 EROM 的有用模板,并使用了 NASA 詹姆斯·韦伯太空望远镜(JWST)项目中的一个真实示例,展示了如何填写和使用这些模板来评价项目的总体绩效和战略规划。

第 5 章重点介绍如何在 TRIO 企业的主要技术部门(如技术中心或技术委员会)应用 EROM。5.1 节和 5.2 节讨论了 EROM 在技术中心或技术委员会层面的管理要素,强调了技术中心或技术委员会在履行其总项目和机构职责方面应该发挥的各种作用,管理多个合作伙伴关系的战略目标属性,使用 EROM 方法促进其管理职责的方式,以及与各种合作组织之间进行有效沟通的 EROM 组织要素。5.3 节讨论了在技术中心或技术委员会的 EROM 分析中可能进行的技术活动,强调了风险和机会的类型,以及与其核心能力、资源和资产的开发、配置和报废相关的指标。5.3 节还提供了其他模板,这些模板与第 4 章中的模板一起,可用于规划战略和评价技术中心或技术委员会的总体绩效。

第 6 章扩展了前几章中讨论的方法,以便为商业 TRIO 企业建立 EROM 框架,这些商业 TRIO 企业的主要目标是在短期、中期和长期框架内为其利益相关者优化经济收益。第 6 章的主要目的之一,是将前几章中研究的 EROM 的定性方法与财务规划和定量计算结合起来。为此,财务模型中的风险和机会信息,来自第 4 章和第 5 章模板中描述的风险和机会情景;财务模型中的关键变量,来自模板识别出的先行指标和风险/机会驱动因素。本章以一家为航空航天和国防市场做系统开发和制造产品的虚拟总承包商为例演示了全部过程。这个示例重点关注开发风险和机会场景分类法和事件时序图,描述了公司必须作出的决策,以及每个决策所带来的与财务目标相关的风险和机会;引入了财务导向的风险和机会矩阵,以促进决策过程,引出内部控制措施。

第 7 章讨论了在组织顶层存在具有不同风险容忍度的竞争目标时,使用 EROM 的结果,帮助高层管理人员在关键决策点作出风险接受决策。本章使用了两个事例说明这些内容,一个基于国防部陆基中段拦截系统(GMD)项目,另一个基于美国国家航空航天局商业载人运输系统(CCTS)项目。

第 8 章为独立评估人员提供了指南。这些独立评估人员负责审计 TRIO 企业采用的 EROM 实践和程序,并确定从 EROM 分析中获得的结果的有效性。

本章提供了一个包含一系列问题的模板，这些问题的答案，旨在为 TRIO 企业管理层和监管机构提供有关 EROM 分析强度，与主要风险相关的内部控制的稳健性，以及合理改进机会被利用程度的可靠信息。这个指南可以供政府和专业审计师及受审核方使用。

第 9 章简要讨论 EROM 一般原则，EROM 模板如何与重大战略规划以及已经在 TRIO 企业内实施的其他企业活动进行潜在互动，这些活动包括技术能力评估（TCA）程序、战略年度评审（SAR）程序，以及项目组合绩效评价（PPR）程序。

最后，第 10 章提出了一个根据 EROM 程序的结果，得出内部控制措施层级结构的整合框架。这种方法在哲学上不同于其他机构（如 COSO）所采用的方法，其他机构的内部控制措施独立于 EROM，只用作 EROM 的输入。本书介绍了框架整合、分层控制的方法，允许内部控制措施对累积风险和机会的驱动因素作出响应；并使不同级别的内部控制措施与不同级别的组织结构相匹配。这种高度整合、层次分明的方法，特别适用于以技术收益而非财务收益为目标的组织。

目 录

第1章 面向技术研究、集成和运营组织（TRIO企业）的全面风险与机会管理入门 ·········· 1

1.1 TRIO企业的EROM范围和目标 ·········· 1
- 1.1.1 什么是EROM ·········· 1
- 1.1.2 为什么EROM对TRIO企业很重要 ·········· 2
- 1.1.3 TRIO企业的EROM考虑哪些风险和机会 ·········· 3
- 1.1.4 TRIO企业的EROM与典型商业企业的EROM有何不同 ·········· 3
- 1.1.5 EROM在TRIO企业的现有管理架构中能发挥多大作用 ·········· 4
- 1.1.6 EROM如何促进TRIO企业与提供资金和治理的机构之间的磋商 ·········· 5
- 1.1.7 组织内的各管理部门是否可以像组织一样分别应用EROM ·········· 5
- 1.1.8 EROM在哪些方面促进TRIO企业的战略规划、实施和绩效评价 ·········· 6

1.2 适用于TRIO企业的EROM定义和技术属性 ·········· 7
- 1.2.1 在EROM背景下的风险和机会是什么意思 ·········· 7
- 1.2.2 如何区分战略规划期间与规划实施期间、绩效评价期间的风险和机会 ·········· 8
- 1.2.3 EROM如何帮助实现风险和机会之间的最佳平衡 ·········· 9
- 1.2.4 风险情景、机会情景、累积风险和累积机会的含义 ·········· 10
- 1.2.5 EROM如何将风险知情决策和持续风险管理纳入整个组织及其内部管理部门 ·········· 11
- 1.2.6 EROM中的分析主要是定性的还是定量的 ·········· 12
- 1.2.7 EROM能否解释未知和低估（UU）风险 ·········· 12

注释 ·········· 13
参考文献 ·········· 14

第2章 EROM与组织管理活动的协调 ·········· 16
2.1 管理层、总项目层和机构/技术层的管理职能及其接口 ·········· 16
2.2 与EROM相关的管理活动 ·········· 18
- 2.2.1 各管理层级内的活动 ·········· 18
- 2.2.2 各管理层级内部及其之间的角色和职责 ·········· 21

2.3 EROM 与管理活动的协调 ······ 23
2.3.1 组织的规划和规划实施 ······ 23
2.3.2 组织绩效的评价和重新规划 ······ 23
2.3.3 与管理层级的角色和职责保持一致 ······ 26
2.4 扩展合作伙伴之间的沟通 ······ 29
2.4.1 需要合作伙伴的战略目标的性质 ······ 29
2.4.2 跨扩展伙伴实施 EROM 的挑战 ······ 30
2.5 EROM 对遵守联邦法规和指令的作用 ······ 30
2.5.1 OMB 通告 A-11 和 GPRAMA（政府绩效、成果和预算） ······ 30
2.5.2 从联邦法规和指南的角度看 EROM 和内部控制 ······ 32
2.5.3 OMB 通告 A-123（管理者的全面风险管理和内部控制职责）和要求的保证声明 ······ 33
2.5.4 OMB 通告 A-123 中的风险清单示例 ······ 35
注释 ······ 37
参考文献 ······ 37

第 3 章 EROM 程序和分析方法概述 ······ 39
3.1 组织目标层级结构 ······ 39
3.1.1 各管理单位的目标层级结构 ······ 39
3.1.2 组织的整体目标层级结构 ······ 40
3.2 用风险和机会信息为企业目标层级结构输入数据 ······ 44
3.3 建立风险容忍度和机会偏好 ······ 46
3.3.1 风险和机会平价声明 ······ 46
3.3.2 应对边界和监控边界 ······ 47
3.4 识别风险和机会情景及先行指标 ······ 48
3.4.1 风险和机会分类 ······ 49
3.4.2 风险和机会情景说明 ······ 49
3.4.3 风险和机会情景描述 ······ 52
3.4.4 风险和机会先行指标 ······ 53
3.4.5 未知和低估（UU）风险的先行指标 ······ 56
3.5 确定先行指标触发值并评价累积风险和机会 ······ 57
3.5.1 先行指标触发值 ······ 58
3.5.2 累积风险和机会 ······ 59
3.6 识别和评价风险缓解、机会利用和内部控制选项 ······ 59
3.6.1 推断风险和机会驱动因素 ······ 59

3.6.2　推断风险和机会情景驱动因素 ··· 60
　　3.6.3　评价风险和机会情景的可能性和影响 ····································· 62
　　3.6.4　识别风险应对、机会行动和内部控制选项 ······························· 64
　　3.6.5　评价风险应对、机会行动和内部控制选项 ······························· 65
　　3.6.6　该方法与COSO内部控制框架和GAO绿皮书的简要对比 ·········· 67
注释 ·· 69
参考文献 ·· 69

第4章　为绩效评价和战略规划开发和使用EROM模板 ······················ 71
4.1　概述 ·· 71
4.2　演示示例：2014年NASA下一代太空望远镜 ···································· 72
4.3　目标层级结构示例 ··· 74
　　4.3.1　不同管理层级的目标层级结构 ·· 74
　　4.3.2　组织整体的目标层级结构 ·· 75
4.4　风险、机会和先行指标 ··· 77
　　4.4.1　已知风险和机会情景 ··· 77
　　4.4.2　交叉风险与机会 ·· 79
　　4.4.3　未知和低估风险 ·· 81
4.5　风险和机会识别与评价的示例模板 ·· 82
　　4.5.1　风险和机会识别模板 ··· 82
　　4.5.2　先行指标评价模板 ·· 85
4.6　风险和机会汇总示例模板 ·· 90
　　4.6.1　目标之间的关系和影响模板 ··· 90
　　4.6.2　已知风险汇总模板 ·· 93
　　4.6.3　机会汇总模板 ··· 101
　　4.6.4　综合指标识别与评价模板 ·· 104
　　4.6.5　未知和低估风险汇总模板 ·· 109
4.7　识别风险和机会驱动因素、应对和内部控制措施的示例模板 ·········· 115
　　4.7.1　风险和机会驱动因素识别模板 ·· 115
　　4.7.2　风险和机会情景可能性和影响评价模板 ·································· 118
　　4.7.3　风险缓解、机会行动和内部控制措施识别模板 ······················· 118
　　4.7.4　高级显示模板 ··· 124
4.8　为全组织范围应用EROM程序而向上传递的模板 ···························· 124
　　4.8.1　问题的范围 ·· 124
　　4.8.2　模板的传递 ·· 124

4.8.3 整合 EROM 数据库的开发 ········· 128
4.9 将模板应用于组织规划和备选方案选择 ········· 128
注释 ········· 133
参考文献 ········· 133

第 5 章 机构/技术层面（技术中心或委员会）的 EROM 管理和实施 ········· 135
5.1 从技术中心的角度看 EROM ········· 135
5.2 扩展企业和技术中心的扩展组织 ········· 136
    5.2.1 概述 ········· 136
    5.2.2 每个技术中心与中心的扩展组织中其他实体的关系 ········· 138
    5.2.3 技术中心的扩展企业的 EROM 组织结构 ········· 140
    5.2.4 创建与管理整合数据库的挑战 ········· 142
5.3 基于 EROM 的跨技术中心扩展组织资源预算 ········· 142
    5.3.1 基于目标的人力、实物和指导性资产分配 ········· 142
    5.3.2 所分配资产的配置的典型模板 ········· 144
    5.3.3 资产的风险、机会和风险/机会情景说明 ········· 147
    5.3.4 技术中心健康状况的先行指标 ········· 149
    5.3.5 内部先行指标与人力、实物和指导性资产配置差距
          之间的相关性 ········· 149
    5.3.6 优化人力、实物和指导性资产的获取、配置和淘汰 ········· 150
    5.3.7 与技术中心作出的供应商采办决策的相关性 ········· 152
参考文献 ········· 154

第 6 章 EROM 实践与分析对商业 TRIO 企业的特殊考虑 ········· 155
6.1 概述 ········· 155
6.2 风险、机会情景和先行指标 ········· 157
    6.2.1 风险和机会分类法 ········· 157
    6.2.2 风险和机会分支事件及情景事件图 ········· 159
    6.2.3 风险和机会模板 ········· 163
    6.2.4 风险和机会矩阵 ········· 168
6.3 可控的驱动因素、风险缓解措施、机会行动和内部控制措施 ········· 169

第 7 章 使用 EROM 结果支持风险接受决策的示例 ········· 175
7.1 概述 ········· 175
7.2 示例 1：2002 年期间的国防部陆基中段拦截系统 ········· 176
    7.2.1 背景 ········· 176
    7.2.2 顶层目标、风险容忍度和风险平价 ········· 177

7.2.3　风险和先行指标 ·· 179
　　　7.2.4　先行指标触发值 ·· 180
　　　7.2.5　模板条目和结果示例 ······································ 182
　　　7.2.6　风险接受决策的含义 ······································ 184
　7.3　示例2：2015年的NASA商业载人运输系统 ·························· 185
　　　7.3.1　背景 ·· 185
　　　7.3.2　顶层目标、风险容忍度和风险平价 ···························· 186
　　　7.3.3　示例2的剩余部分 ·· 188
　7.4　对TRIO企业和政府机构的影响 ···································· 188
　参考文献 ··· 189

第8章　对EROM过程和结果进行独立审查以确保内部控制措施的充分性并为风险接受决策提供信息　190
　8.1　背景 ·· 190
　　　8.1.1　OMB的推动 ·· 190
　　　8.1.2　美国能源部的指南 ·· 191
　　　8.1.3　内部审计师协会的指南 ······································ 191
　8.2　在内部控制和风险接受范围内对EROM进行独立审查的问题 ············ 192
　　　8.2.1　概述 ·· 192
　　　8.2.2　评价EROM过程和结果的模板 ································ 193
　参考文献 ··· 196

第9章　EROM与其他战略评估活动的潜在整合概述　197
　9.1　技术能力评估（TCA） ·· 197
　9.2　战略年度评审（SAR） ·· 199
　9.3　项目组合绩效评价（PPR） ·· 201
　参考文献 ··· 203

第10章　分层的内部控制整合框架　204
　10.1　内部控制原则和内部控制、风险管理和治理的整合 ·················· 204
　10.2　方法论依据 ·· 208
　　　10.2.1　分层的控制回路 ·· 208
　　　10.2.2　RACI矩阵 ·· 211
　10.3　案例 ·· 212
　　　10.3.1　示例1：风险管理和系统安全的机构责任 ······················ 212
　　　10.3.2　示例2：NASA商业载人项目基于风险的保证过程和
　　　　　　　共享保证模型 ·· 217

10.4 将内部控制原则纳入控制回路方法 …………………… 219
10.5 总结 …………………………………………………… 224
注释 ……………………………………………………………… 224
参考文献 ………………………………………………………… 225
附录 A 缩略语 ………………………………………………… 226
附录 B 定义 …………………………………………………… 229
附录 C 本书网站 ……………………………………………… 232
附录 D 关于作者 ……………………………………………… 233

第1章 面向技术研究、集成和运营组织（TRIO企业）的全面风险与机会管理入门

1.1 TRIO企业的EROM范围和目标

1.1.1 什么是EROM

全面风险和机会管理（EROM），是组织用来管理与目标相关的风险和抓住与目标相关的机会的方法和程序。它是组织通过战略规划与执行、绩效评价的程序，在约束条件下确定和实施其战略目标、目的和优先事项的一种手段。

根据美国反虚假财务报告委员会下属的发起人委员会（COSO）的一份报告（2004），全面风险管理包括：

(1) 协调风险偏好和战略——在评价备选战略方案、设定相关目标和制定管理风险的机制时，管理层要同步考虑组织的风险偏好。[①]

(2) 强化风险应对决策——全面风险管理提供识别和选择各类备选风险应对措施的严谨性，即风险规避、降低、共担和接受。

(3) 减少运营意外和损失——增强组织识别潜在事件和积极应对的能力，减少意外和相关成本损失。

(4) 识别和管理多重及跨组织的风险——每个组织都面临着影响其不同方面的各种风险，全面风险管理有助于组织有效应对相互关联的影响，并整合应对多种风险。

(5) 抓住机会——通过全面考虑各种潜在事件，管理者能够识别并主动实现机会。

(6) 改善资本配置——获取可靠的风险信息，使管理者能够有效地评估总体资本需求并加强资本配置。

EROM的总体目标是促进制定战略规划，推动编制落实战略规划的总体最佳方案，并评价战略规划的绩效。实现这个总体目标的方法，就组织的整体使命和任务而言，是在最小化潜在损失（风险）和最大化潜在收益（机会）之

间寻求最佳平衡。对组织整体使命和任务的关注，是"EROM"中出现"E"的原因。它意味着对组织项目组合中的所有总项目、项目、方案和活动，进行风险和机会的整合管理。实现最佳平衡，意味着决策者参与设定风险的最大可容忍水平、机会的最低可接受水平，以及两者之间的权衡。

1.1.2 为什么 EROM 对 TRIO 企业很重要

从事创新性技术工作的组织，必须不断评估其战略目标，是否能随着条件的变化而持续实现；风险和机会之间的平衡，是否随着时间的推移而发生了变化，以至需要再调整战略规划或重新评估战略规划的实现方式；资助机构是否引入了需要处理的新要求或限制。

例如，NASA 为了响应美国政府部门倡导的新战略方向，于 2013 年宣布拟开展新的太空探索任务。这需将管理理念从严格的风险最小化，转变为风险控制与机会利用的平衡组合。NASA 局长查尔斯·博尔登（Charles Bolden）在给所有 NASA 员工的信中（Bolden，2013）发表了以下声明，明确了这一方针：

"纵观我们的历史，NASA 的探索精神带领我们不断深入未知领域，在对这些未知领域的探索中，我们从失败中学习到了很多的东西，这些东西与从成功中学习到的一样多。让我印象最深的一件事，是许多人愿意设定远大梦想，愿意跳出定式思维并敢于承担风险……我们必须愿意大胆做事。换句话说，不能容忍风险将无法完成任何重要的任务。

……只要确保我们的员工得到保护，我们就可以管理和容忍失败，这是进步的代价……在我们准备迎接总统 2014 年预算方案中为我们提出的许多挑战时，我请您继续思考我们如何识别并抓住机会以便于以快速、经济的方式获得进展，如何识别和管理风险，如何快速学习和适应我们的下一步行动计划。当我们这样做时，我们必须不断平衡我们的风险和收益，并始终坚持将员工的生命和安全放在首位。"

这种理念上的转变，不仅影响了 NASA，也影响了其他 TRIO 企业。正因如此，我们需要把全面风险管理的思路，从主要聚焦在减少风险，拓展为包括认识、培育和利用机会。EROM 是一种理性的、结构化的方法，旨在最小化潜在损失（风险）和最大化潜在收益（机会）之间达到最佳平衡。

最后，EROM 对政府支持的技术型组织很重要，因为 2016 年 7 月更新的 OMB 通告 A-123 明确要求，所有联邦机构将全面风险管理作为制定、实施和管理内部控制措施的组成部分。

1.1.3 TRIO 企业的 EROM 考虑哪些风险和机会

EROM 一般关注组织在全局范围内对战略风险和绩效风险的管理。就本书而言，战略风险和绩效风险的特征如下：

（1）战略风险，是指组织在保证实现其既定使命和任务的长远目标方面的能力不足。在某种程度上，战略风险可视为组织未能实现其一个或多个战略目标的可能性；从推论上说，它还包括组织未能以最适合其整体使命和任务的方式制定其战略目标的可能性。

（2）绩效风险，是指组织实现其短期绩效计划的能力不足。绩效风险部分地涉及组织未能实现其绩效计划中的一个或多个绩效目标的可能性，还包括组织未能以最适合其战略目标的方式制定其绩效目标的可能性。

战略风险和绩效风险被认为是组织全局范围内几类风险的整合，在本书中，包括总项目/项目风险、机构风险、需求风险和声誉风险。这些风险类别的定义如下（COSO，2004；International Standards，2008；NASA，2008，2016a）：

（1）总项目/项目风险，是在未来实现明确制定和描述的总项目/项目绩效要求方面，可能出现的绩效不达标。总项目/项目的绩效不达标，可能与安全、技术、成本和进度中的任一个或所有任务的执行情况有关。

（2）机构风险，涉及基础设施、信息技术、资源、人员、资产、工艺程序、职业安全、环境管理或安全等方面的风险。它们影响任务成功所需的能力和资源，包括组织在应对不断变化的任务需求和遵守政府法规等外部要求方面的灵活性。

（3）需求风险，是不能满足组织利益相关者和监管者要求的风险。要满足的要求可能包括环境安全与健康（ES&H）保护、防止欺诈和不当行为、机会均等和其他劳工要求。就联邦机构而言，联邦政府要求旨在实现公共教育、国际合作和商业伙伴关系领域的具体目标。

（4）声誉风险，涉及可能危及组织生存能力的风险，包括财务健康风险、法律风险和公众信心风险。公众信心风险包括因管理不善或渎职而发生灾难性事故或其他重大损失的风险。

1.1.4 TRIO 企业的 EROM 与典型商业企业的 EROM 有何不同

在过去的 10~15 年中，商业企业的 EROM 程序和标准得到了稳步发展，例如 COSO（2004）和 ISO-31000（2008）。这些框架无疑为 EROM 的普及和实施提供了动力，但它们往往强调的是财务方面的风险和机会，因为这对营利性商业企业来说是至关重要的。到目前为止，EROM 在非营利或政府支持的

TRIO 企业的应用还不太广泛。为了能在这类企业中发挥作用，EROM 必须聚焦于非商业性 TRIO 企业需要满足的、定性的、多维的目标和约束条件，包括：

（1）在短期和长期范围内，取得符合公众利益的科学和技术成果。

（2）探索新领域和新知识的发展。

（3）与其他国家、商业企业和学术界的伙伴关系。

（4）公众教育和外联活动。

（5）商业和非营利企业的共同目标，包括机构发展和维护、法律和声誉保护以及财务健康。

（6）资助机构强制要求的具体年度结果（如联邦机构、国会和白宫）。

（7）独立咨询小组和监察长等监督机构规定的结果。

（8）满足政府的要求和政策，例如，对于联邦机构，GPRAMA（政府绩效与结果修正法案）(2011)、OMB 通告 A-11（OMB，2016a）和 OMB 通告 A-123（OMB，2004，2016b）中规定的要求和政策等。[②]

此外，这些目标必须在财务、进度和政治约束范围内实现，这些约束经常会因管理部门的变化和公共优先事项的变化而发生变化。

因此，用于 TRIO 企业的 EROM 框架，合适时可以利用 COSO、ISO-31000 和标准化质量管理体系的思想；必须包括实现战略目标的能力，这些战略目标对组织使命和任务至关重要；并且建立在其绩效管理和风险管理的文化和历史基础上。此外，该框架还应该遵守指令、需求和标准中的基本原则。这些指令、需求和标准，通常涉及与风险管理相关的角色和职责，以及风险知情决策（RIDM）和持续风险管理（CRM）所需要的职能。

1.1.5　EROM 在 TRIO 企业的现有管理架构中能发挥多大作用

对于任何成熟的组织，EROM 方法的框架化和结构化，都是为了与该组织中已经存在的理念和管理程序同步并促进其发展。EROM 尽管可能会对某些程序进行调整，但不会从根本上改变现有的管理方法，包括用于设置战略方向、目标、架构、需求、政策，以及建立指标、设置任务、预算优先级和审批新方案的整套管理规定。相反，它通常支持已经存在的用于监督和批准风险计划、缓解策略、评审进展、监督内部控制措施、识别缺陷和审查纠正措施的现有方法。

随着时间的推移，TRIO 企业逐步形成了一套程序，用于建立企业级的战略目标和预期结果，构建核心机构和技术能力，并完善项目方案以支持这些目标。为促进这些程序并使其更加有效，TRIO 企业的 EROM 框架应支持组织战略管理中的决策、任务支持和总项目管理职能。同时，它应支持组织内现有的高级别审查和决策会议，如管理委员会会议、收购计划和采购会议，以及项目组合绩效评价会议。③

EROM 程序通过提供决策所需的关键数据和见解，来促进管理活动。EROM 程序的应用依赖于内外部信息，这些信息包括各类知识、对政府及其各方面施加的各种约束的理解，识别战略规划执行过程中出现的问题、出现的机会、尚未发生的潜在不利事件引发的风险，以及预示新出现问题、机会、风险的先行指标数据。④

1.1.6　EROM 如何促进 TRIO 企业与提供资金和治理的机构之间的磋商

尽管战略规划是在负责执行战略规划的企业内部执行的，但外部利益相关者通常会提出许多强制性的战略目标，要求执行企业必须实现。EROM 在告知外部利益相关者和资助机构，关于各种战略目标备选方案的可实现性方面发挥着作用，以便这些利益相关者能够就其提出的强制要求目标作出知情决策。EROM 通过考虑所有与目标相关的单个风险和机会，并确定无法实现每个战略目标的总体风险来实现这一点。虽然国会、白宫和非政府资助实体等利益相关者，可能在什么构成收益、什么水平的机会重要等方面，与 TRIO 企业有不同的看法，但只要把具体情景陈述清楚、准确，对于无法实现目标的风险是否可以接受，大多数情况下是可以达成一致意见的。其中，EROM 扮演了对这种具体情景进行合理解释的角色。当 TRIO 企业通过 EROM 分析，确定无法实现目标的总体风险很高，并且几乎没有降低风险的机会时，它会让所有利益相关者了解这些情况，以阻止他们提出无法实现的强制目标，并阻止他们抱有不切实际的期望。

1.1.7　组织内的各管理部门是否可以像组织一样分别应用 EROM

虽然 EROM 旨在适用于自主、独立的企业，例如各类机构、研究院所或公司等组织，但只要每个管理部门的目标与组织的整体目标相一致，并且贯穿各领域的风险和机会得到了一致的处理，EROM 也可以单独适用于组织内部的各管理部门。例如，典型的 TRIO 企业管理架构包括提供高级管理的行政和支持办公室，提供总项目管理的各委员会，一系列支撑机构、技术管理部门，以及对项目实施提供保障的技术中心和设施部门。每个委员会、技术中心和设施部门都有自己的最高目标和较低水平的绩效目标，每个部门都有自己的一组风险、机会和相关指标。因此，EROM 框架可以单独应用于每个管理部门。然而，除非有正式和非正式的沟通渠道，以确保每个委员会、技术中心和设施部门的最高目标能够支持管理层制定的战略目标，技术中心和设施部门的技术绩效目标支持委员会的总的项目绩效目标，否则应用于各管理部门的 EROM 程序将不会成功。这种沟通渠道，还必须确保所有受影响方以一致的方式识别和定义贯穿各管理部门的风险、机会和相关指标。[⑤]

1.1.8　EROM 在哪些方面促进 TRIO 企业的战略规划、实施和绩效评价

以下是受益于 EROM 方法的战略规划、实施和绩效评价程序示例：[⑥]

（1）通过选择能最大限度地实现组织基本使命和任务可能性的选项，制定组织的战略规划和绩效管理计划。就联邦机构而言，EROM 提供了可追溯和记录的证据，以证明目标选择的合理性，其方式符合政府的约束条件。

（2）通过选择能最大限度地提升实现战略目标可能性的备选方案，设计总项目、项目、研究方案、机构资产以及其他活动和资源的组合。EROM 使用风险和机会知情的决策程序，来帮助企业内的决策者选择最可行的项目组合。

（3）引进创新技术和新程序，并利用传统系统，以推动在风险和机会之间进行更为恰当的权衡，推进组织的使命和任务，保证在预算有限、有时还在不断缩减的现实中开展工作。

（4）以促进成功概率和实施成本最佳平衡的方式，分配组织的预算、设备、基础设施和人力资源。与组织正在进行的技术能力评估程序相一致，EROM 识别与人员需求、员工素质、测试设备需求、信息技术需求和其他总项目/项目支持需求相关的企业级的风险和机会，从而为研究机构、任务支撑职能和项目方案提供重点管控方向。

（5）跟踪和控制风险、机会和先行指标，以促进与战略和绩效管理计划相关的绩效评价。EROM 提供了可追溯的和记录在案的证据，以说明总项目、项目和其他组合项的实施情况，以及这些实施情况在多大程度上满足了战略和近期目标。

（6）在不同的选定时间间隔内，更新和修改战略和绩效管理计划，以反映状态变化和新风险、新机会的出现。

（7）遵守有关风险和内部控制方面的联邦法规和其他法规，联邦机构要编制《联邦管理者财务诚信法》（FMFIA）要求的保证声明。对于联邦机构，EROM 还支持 GPRA 修正案（GPRAMA）和 OMB 通告 A-11 和 A-123 中包含的要求和指南。

（8）为项目组合绩效评价（PPR）和战略年度评审（SAR）[⑦]提供信息。

EROM 与 PPR 和 SAR 进行互动，主要是帮助识别每个项目需要跟踪的风险和机会指标，以及每个项目需要管理的内部控制措施；告知这些评审活动，指标和控制是如何跨越项目边界的；提供与战略规划相关的自我评估绩效的逻辑基础；帮助得出外部实体要求的、包括了自我评估和排序的评价或评审结果。

（9）实现对需要立即采取行动的、无处不在的所有新情况的敏捷响应。通过以一致和整合的方式处理跨越总项目、项目、实体和组织的风险和机会，EROM 有助于确保有适当的手段，及时应对新出现的需要综合应对的跨领域问题。

（10）在关键决策点帮助作出风险接受决策。从 EROM 获得的结果，包括从低到高的总体风险和机会信息，使决策者能够洞察对于实现组织每个最高目标可能性的总体关注程度或信心水平。

使用 EROM 方法所带来的好处，对于处理复杂的任务尤其显著，这些复杂任务往往需要在不同路径之间作出艰难的选择。

1.2 适用于 TRIO 企业的 EROM 定义和技术属性

1.2.1 在 EROM 背景下的风险和机会是什么意思

在 EROM 的背景下，我们将风险和机会定义如下：

（1）风险是指未来绩效不达标的可能性，绩效主要涉及组织各层级明确确立和陈述的目标，包括组织的战略目标。

（2）机会是指在实现明确确立的目标和完成组织使命方面，未来绩效改进的可能性。

风险和机会都是指在未来可能发生。一旦某个风险变成现实，它就成为问题，而不再是风险。一旦某个机会变成现实，它就成为一种收益，而不再是机会。

虽然某个风险变为现实被视为消极的，机会变为现实被视为积极的，但风险和机会是一体两面。我们说"错失机会的风险"是为了强调错失机会也是一种风险。同样，我们谈到"降低风险的机会"是为了强调降低风险是抓住机会的一种形式。风险和机会都需要采取行动以实现最好的结果，即减轻风险或抓住机会。这些行动必须在可接受的时间范围内实施才有效。

这就是说，风险和机会之间的根本区别在于，行动对机会定义是内在因素，对风险定义是外在因素。任何干预行动之前的潜在负面结果，是识别确定需关注风险的基础，然而，只有在某些行动可以实现潜在收益的背景下，才将机会的潜在收益作为将某种情景识别确定为机会的基础。

在当前背景下，机会有两类。

第一类适用于降低无法实现一个或多个已确定战略目标或预期结果风险的可能性。例如，已开始执行项目的组织，与在该领域具有专业知识的合作伙伴共享研发任务的新机会，可能会降低该组织不能完成该任务的风险。产生合作可能性的事件，如合作组织表示愿意参与，则是一个机会，因为它提供了带来积极结果的保障。相比之下，某个风险则会导致负面的或不希望的结果。

第二类适用于不断变化的战略目标或预期结果，以使其更好地符合 TRIO 企业的愿景和使命。例如，一项新技术的出现，可能为组织带来以前认为不可能实现的战略利益。第二类的机会，涉及通过战略重新规划促进 TRIO 企业使命与任务的完成，而不是降低无法实现现有战略目标的风险。[⑧]

风险和机会都有一个与之相关的时间框架，即机会窗口，在此之后，对风险的反应或抓住机会就不再可能。这是企业必须敏捷的原因之一。

进步或进展的显著收获，可能涉及主动寻找机会。例如将资源投入基础或应用研究，并期望这些努力总体上将产生效果、获得成果，加快向长期目标迈进的速度。用弗朗西斯·培根（1612）的话来说："聪明人会创造出比他发现的更多的机会。"

1.2.2 如何区分战略规划期间与规划实施期间、绩效评价期间的风险和机会

在战略规划期间，TRIO 企业研究设计项目组合、项目、方案和其他活动时，以及绩效评价期间，EROM 会关注企业范围的风险和机会。做战略规划时，通常仅仅设想要实现的功能，而系统设计的具体内容甚至系统架构都尚未确定。在这种情况下，风险和机会的识别，主要依据与本次任务类似项目的历史经验和专家判断经验。如在空间探索初期，可以参考已识别验证的航天飞机风险，识别未来使用尚未定义的系统，开展近地轨道飞行任务的风险。随着系统设计的成熟，这些风险可能仍然适用，也可能不适用，但组织在作出战略决策时需要意识到这些风险。

显然，面向未来任务、还没有开展实际系统设计的相关风险和机会定义是不成熟的，而已经具有明确系统设计的、明确使命任务的相关风险和机会定义则相对成熟。相应地，战略规划期间的风险和机会定义，通常不如战略实施和绩效评价期间的风险和机会定义成熟。

1.2.3 EROM 如何帮助实现风险和机会之间的最佳平衡

风险与机会的平衡概念如图 1.1 所示。这种平衡反映了决策者个人在风险感知与机会感知之间的比较。在这种情况下，风险感知相当于个人对当前感知到的风险的容忍度，机会感知相当于个人对当前感知到的机会的偏好。资源或资产的可用性，加上其他固定的约束，会影响决策者的风险感知或机会感知。

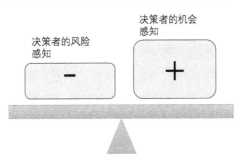

图 1.1 决策是风险与机会之间的平衡

容忍风险和抓住机会之间的平衡，是由管理层提供的指导决定的。例如 1.1.2 节中引用的 NASA 局长的评论，这意味着组织必须在其活动组合中以分级的方式管理风险和机会。如图 1.2 所示，大多数组织相对于保护其核心能力和人员生命与安全，有更严格的标准，风险容忍度低；同时在为有效地推进组织的使命与任务而开展的能带来新机会的开创性活动或能力扩展活动中，对于失去硬件的可能性有更宽松的标准，风险容忍度高。在战略规划和规划实施期间，这种经过深思熟虑的、分层的风险容忍度，为承担战略风险设定了基本规则，这对于持续进步和成功至关重要。它创造了组织可以快速学习的领域，部分是通过可接受的挫折，促进了高风险活动获得的收益被巩固和制度化，使得组织的能力更强。⑨

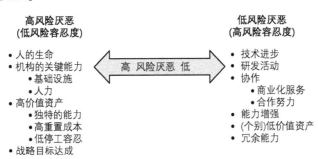

图 1.2 不同目标和目的的风险容忍度

众所周知，这种平衡是基于心理因素作出的，而心理因素并不总是有利于作出最佳决策。关于风险厌恶的各种论著指出，当人们面临两种选择时，如果成功的机会和失败的风险之间的平衡是中性的，甚至是对机会适度有利，他们会倾向于选择风险较低的路径。这种厌恶与所谓的埃尔斯伯格悖论（Ellsberg，1961）有关，该悖论涉及人们在确定性程度不同（他们有模糊厌恶）的情况之间的选择。在结构化方法中使用 EROM，有助于通过确保更客观地作出战略决策，来减轻风险厌恶和模糊厌恶。

在一个领域寻求机会的决定，必然涉及另一个领域的风险暴露。例如，对设计的重大变更，可能会产生提高技术性能的机会，但同时也会带来成本和进度风险。EROM 为确定机会与风险之间的盈亏平衡点提供了一种客观的方法。EROM 通过检查机会达到或超过决策者对机会价值的最低期望的程度，并将这一结果与伴随的风险达到或超过决策者对风险的容忍程度进行比较，并作出结论。换而言之，EROM 对与机构的每一个战略目标相关的收益的可能性和程度，以及损失的可能性和程度，进行客观评估，而决策者所声明的风险容忍度和机会偏好，决定了风险是否能与机会匹配。

最后，决策者有责任定义风险容忍度，而不是简单地采取风险厌恶立场。

1.2.4 风险情景、机会情景、累积风险和累积机会的含义

EROM 程序识别了被视为对实现一个或多个战略目标的能力构成风险的特定关注点。每个关注点都说明了风险转变为现实所必然发生的事件情景。总的来说，这些单独的事件情景共同构成了无法实现目标的累积或总体风险。

通常使用术语"风险"来表示单个关注点或情景，以及未达到目标的累积可能性。两者之间的区别是由上下文提供的，但有时，当上下文不清楚时，这种双重用法会导致混淆。在这种情况下，我们将特定关注点称为风险情景，将对战略目标的影响称为累积风险或总体风险。例如，由于退休人数高于预期，而导致关键技术领域员工短缺的可能性是一种风险情景，由于这种情景和其他风险情景，而无法完成对战略目标或目的至关重要的项目的可能性，是一种累积风险。

类似地，EROM 程序识别了特定场景，如果这些场景发生，将有机会增加实现战略目标的可能性，或开启定义与 TRIO 企业任务一致的新目标的可能性。因此，我们有时使用"机会情景"一词来区分单个机会的情景和累积机会的情景。例如，一项新技术的开发出现突破的可能性，开启了采取积极行动获取利益的可能性，是一种机会情景。将这种进展以及其他机会性的进展、定向行动，共同转化为战略关键总项目和项目的更高绩效的前景，是一个累积

机会。⑩

1.2.5 EROM 如何将风险知情决策和持续风险管理纳入整个组织及其内部管理部门

EROM 通过在组织的管理程序中，引入风险和机会知情的决策、持续风险和机会管理，在 TRIO 企业内运作。在总项目/项目领域和机构/技术领域，它们都被称为风险知情决策（RIDM）和持续风险管理（CRM）。RIDM 和 CRM 程序记录在 NASA（2011）和 Alberts et al.（1996）中，如图 1.3 所示，它们在组织的每个管理层级执行。

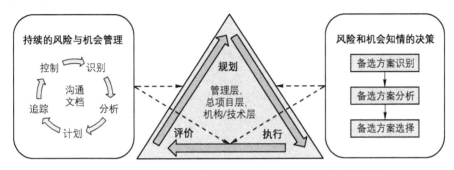

图 1.3　RIDM 和 CRM 的要素应用于 TRIO 企业在各层级的管理活动

对于 TRIO 企业整体而言，风险和机会知情的决策适用于战略规划活动，以及组织的总项目组合、项目和其他计划的选择。风险和机会知情的决策与总项目/项目对应的 RIDM 类似，但它被扩展了，使机会成为决策过程中更重要的组成部分。它用于帮助管理层从各种备选的长期战略目标和近期计划目标中进行选择，以在外部约束下制定支持 TRIO 企业使命的战略规划。然后，它帮助管理层从各种备选的总项目组合、项目、机构方案和其他主要方案的组合中进行选择，以支持战略目标的实现。与 RIDM 过程一样，风险和机会知情的决策由以下三个步骤组成：①备选方案识别；②备选方案分析；③备选方案选择。

对于 TRIO 企业整体而言，持续的风险和机会管理适用于管理层批准的业务组合的实施，以及与战略目标相关的组织绩效评价。持续管理风险和机会的程序，类似于为总项目/项目执行的 CRM 过程，差异在于将机会扩展成为管理过程中更重要的组成部分。与其对应的 CRM 一样，持续的风险和机会管理包括以下五个基本步骤：①识别；②分析；③计划；④追踪；⑤控制。通过可靠的沟通文档支持这五个步骤的程序。

在将 RIDM 和 CRM 整合到不同管理部门的 EROM 中时，根据每个部门的职责不同，整合的重点领域往往有所不同。在管理层，重点是战略目标和实现 TRIO 企业的总体目标。在总项目层，管理部门（如各项目委员会）的重点转移到在进度和成本要求范围内实现总项目目标。对于机构/技术层级的管理部门（如技术中心），越来越重视人力资源、设施和支持系统的开发和维护。虽然重点领域可能有所不同，但无论是应用于管理层、总项目层、还是机构/技术层，将 RIDM 和 CRM 纳入 EROM 的一般方法基本上都是相同的。

1.2.6 EROM 中的分析主要是定性的还是定量的

EROM 采用了定性和定量相结合的方法。一方面，定量模型用于评估和预测适合定量分析的具体结果，如预算和进度事项。另一方面，EROM 比总项目/项目风险管理更依赖定性方法。这是因为 EROM 涉及对战略目标和目的的评估，这些目标和目的在很大程度上是主观的，没有容易形成的定量模型，如增加人类知识，促进开创性新技术的发展等。为了评估实现这些目标和目的的状态或潜力，EROM 依赖于风险和机会先行指标[①]作为已识别风险和机会的替代。尽管先行指标本身是可量化的，但它们与实际风险和机会的关系是定性的，因此，EROM 分析本身是定性的而非定量的。

1.2.7 EROM 能否解释未知和低估（UU）风险

未知和低估（UU）风险是指未被识别的风险情景，因此在分析时是未知的；或已被正确识别，但其发生的可能性、风险或损失的潜在严重性被低估。通过定义，不可能在未知场景被揭示之前识别它们，也不可能在已知场景发生之前意识到它被低估。然而，根据文献中提及的经验，有可能了解与未知和低估的风险可能性相关的各种类型的指标。这些指标往往与组织缺陷、可疑的管理实践和某些设计方法有关。正如稍后讨论的那样，EROM 分析能够将这些指标包括在对 UU 风险的评估中，即评估 UU 风险是否是组织未实现目标总体风险的主要因素。

NASA（2015）和 Benjamin et al.（2015）的研究表明，对于复杂系统，在总项目/项目早期或在运行的初始阶段，由 UU 风险造成损失的概率可能比由已知风险造成损失的概率大几倍，不仅适用于空间系统，也适用于其他系统，如商业性核系统和军事系统。因此，UU 风险的存在会显著影响组织实现其战略目标的能力。

此外，大的 UU 风险不仅涉及安全问题，还涉及与技术性能、成本和进度有关的问题（NASA，2015；Benjamin et al.，2015）。了解每个关注领域中 UU

风险的潜在等级，以及导致它们受到关注的因素，至少从以下两个方面来说是很重要的：

（1）它有助于让外部利益相关者了解各种战略目标和业务组合备选方案的可实现性，以便这些利益相关者能够就如何分配资金作出明智知情的决定。

（2）它有助于确定方法来减轻因设计、组织和计划原因导致的 UU 风险，从而增加实现既定战略目标的可能性。

将 UU 风险纳入 EROM 分析并不是常规做法，本书中描述的方法，通过考虑可能导致 UU 风险的组织、计划和设计因素，超越了现有做法，这些因素主要来自 NASA（2015）和 Benjamin et al.（2015），被视为 UU 风险的先行指标，并包含在先行指标的汇总中，用于估计无法实现每个战略目标的总体风险。UU 风险的处理本身是定性的，与 EROM 的整体定性属性保持一致。UU 风险的潜在影响既包括在战略规划、基于 RIDM 的 EROM 中，也包括在绩效评价、基于 CRM 的 EROM 中。[12]

注　释

① 在 COSO 报告中，"风险偏好"一词与本书中的"风险容忍度"一词含义相同。相反，COSO 报告中的"风险容忍"一词有不同的含义，更类似于本书中"绩效范围"一词的使用。COSO 报告中没有使用"机会偏好"这个术语，但在本书中用于表达机会的积极含义，对应于风险的消极含义，即一个人对机会有偏好，对风险有容忍度。

② 2.5 节将讨论这些文件中包含的一些主要要求和政策。

③ EROM 的这些作用将在 2.3 节和第 9 章中进一步讨论。

④ 先行指标是可量化可追溯的衡量指标，可以与 TRIO 企业的一个或多个目标实现的可能性相关联，并且是可操作的。先行指标将在 3.4 节、3.5 节、4.4 节、4.5 节和 5.3 节中进行更详细的讨论。

⑤ EROM 的沟通渠道和规程将在 2.4 节、4.8 节和 5.2 节中讨论。

⑥ 将在整个报告中进一步阐述这些要点。

⑦ 在一些组织中，战略年度评审被称为战略目标评估评审或 SOAR，而项目组合绩效评价（PPR）被称为基准绩效评价或 BPRs。

⑧ 在 Webster 的在线词典中，机会被定义为：①有利的时机；②进展或进步的好机会。尽管不是严格意义上的一致，但本书中的两类定义大致可以被认为是 Webster 定义的应用，因为降低风险的机会来自"有利时机"，而扩大战略目标的机会构成"进展或进步的好机会"。

⑨ 风险容忍、机会偏好以及它们之间的盈亏平衡点，将在3.3节、4.5节、7.2节和7.3节中进一步讨论。

⑩ 累积风险和累积机会的概念，将在3.5节和4.6节中更详细地讨论。

⑪ 我们使用的风险先行指标术语与COSO使用的风险指标术语相同。这两个术语都是指一种可能的未来发展，这种发展是由目前的状况随着时间的推移而演变的。我们使用"先行"一词，是为了强调这些指标可能会随着时间而变化，人们不仅需要跟踪它们的现值，还需要跟踪它们的趋势，以推断潜在的未来值。

⑫ 在EROM框架中对UU风险的处理，将在3.4.5节和4.6.5节进一步讨论。

参 考 文 献

Alberts, C. J., et al. January 1996. Continuous Risk Management Guidebook. New York: Software Engineering Institute, Carnegie Mellon University.

Bacon, Francis. 1612. The Essays, or, Counsels Civiland Moral of Francis Bacon, 2nd ed. Reprinted with an Introduction by Henry Morley. London: George Routledge and Sons, 1884.

Benjamin, A., Dezfuli, H., and Everett, C. 2015. "Developing Probabilistic Safety Performance Margins for Unknown and Underappreciated Risks," Journal of Reliability Engineering and System Safety. Available online from ScienceDirect.

Bolden, Charles. 2013. Internal email from NASA Administrator to all NASA employees (April 19). The text of the entire email may be found in Appendix A of NASA (2016).

Committee of Sponsoring Organizations of the Treadway Commission (COSO). 2004. Enterprise Risk Management—Integrated Framework: Application Techniques.

Ellsberg, Daniel. 1961. "Risk, Ambiguity, and the Savage Axioms." Quarterly Journal of Economics 75 (4).

International Standard ISO/FDIS 31000. 2008. Risk Management—Principles and Guidelines.

National Aeronautics and Space Administration (NASA). 2008. NPR 8000.4A. "Agency Risk Management Procedural Requirements" (Revalidated January 29, 2014). http://nodis3.gsfc.nasa.gov/npg_img/N_PR_8000_004A_/N_PR_8000_004A_.pdf.

National Aeronautics and Space Administration (NASA). 2011. NASA/SP-2011-3422. NASA Risk Management Handbook. Washington, DC: National Aeronautics and Space Administration. http://www.hq.nasa.gov/offce/codeq/doctree/NHBK_2011_3422.pdf.

National Aeronautics and Space Administration (NASA). 2015. NASA/SP-2014-612. NASA System Safety Handbook, Volume 2: System Safety Concepts, Guidelines, and Implementation Examples. Washington, DC: National Aeronautics and Space Administration. http://www.hq.nasa.gov/

offce/codeq/doctree/NASASP2014612.pdf.

National Aeronautics and Space Administration (NASA). 2016a. (In Publication). SP-2014-615. "Organizational Risk and Opportunity Management: Concepts and Processes for NASA Consideration" (June).

Office of Management and Budget (OMB). 2004. OMB Circular A-123. "Management's Responsibility for Internal Control." https://www.whitehouse.gov/omb/circulars_a123_rev.

Office of Management and Budget (OMB). 2016a. OMB Circular A-11. "Preparation, Submission, and Execution of the Budget." (July). https://www.whitehouse.gov/sites/default/files/omb/assets/a11_current_year/a11_2014.pdf.

Office of Management and Budget (OMB). 2016b. OMB Circular A-123. "Management's Responsibility for Enterprise Risk Management and Internal Control." (July). https://www.whitehouse.gov/sites/default/fles/omb/memoranda/2016/m-16-17.pdf.

Public Law 11-352. 2011. "GPRA (Government Performance and Results Act) Modernization Act of 2010."

第 2 章　EROM 与组织管理活动的协调

尽管 TRIO 企业对 EROM 的需求，可能源于为复杂问题提供创新解决方案，但在组织当前的管理结构内实施 EROM 也是可取的，而且通常是必要的。本章描述了大多数 TRIO 企业的高层管理架构，以及其主要实体在战略规划、实施和绩效评价领域的接口，EROM 活动与这些传统管理活动的衔接方式。

2.1　管理层、总项目层和机构/技术层的管理职能及其接口

虽然各个组织的详细组织机构和管理结构各不相同，但大多数 TRIO 企业都有共同的高层组织实体、管理程序和活动。通常，如图 2.1 所示，TRIO 企业包括三个层级：①管理层级，设定和管理企业的方向和战略；②总项目层级，开发和管理支持战略规划的总项目和项目；③机构/技术层级，开发和管理支持总项目和项目的机构和技术资源。决策涉及层级内部和各层级之间的稳健沟通。

如图 2.2 所示，每个组织层级都执行一组类似的管理活动。这些活动包括战略规划、实施和绩效评价。在管理层级，管理者为企业设定总体战略目标、子目标和预期结果；制定实施计划，包括确定主要的总项目和项目，以及规定机构支持要求。根据战略目标的实现程度评价绩效，并在条件允许时做出重大方向修正或重置决定。在总项目层级，总项目/项目管理提供与管理层发起的总项目和项目相同的目标设定和执行监督。在机构/技术层级，技术管理对企业的机构和技术能力也做同样的事，技术能力包括员工的效率、设施的可用性，以及采购和质量控制实践的完好性。各组织层级之间的信息传递是双向的，规划活动的结果一般从管理层到总项目层，再到机构/技术层进行沟通。评价活动结果的传递一般从机构/技术层级到总项目层，再到管理层（尽管沟通的方向可能因组织的性质而有所不同）。

第 2 章　EROM 与组织管理活动的协调

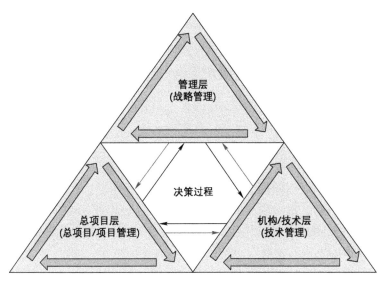

图 2.1　典型企业的三个管理层级

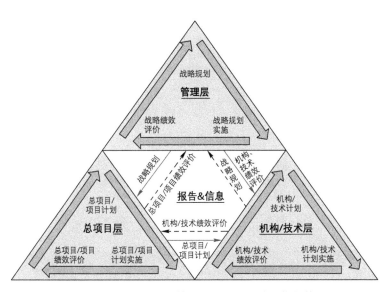

图 2.2　各层级内部及其之间的主要活动和信息传递

2.2 与 EROM 相关的管理活动

2.2.1 各管理层级内的活动

在管理层，战略规划、战略规划的实施和战略绩效的评价过程，以内外部获得的信息为指导，如图 2.3 所示。从外部收集的信息包括：

（1）外部利益相关者和资助机构，就联邦机构而言，主要指国会和美国总统，要求的任务优先级、总项目/项目、进度和预算。

（2）供应限制，例如供应商、零件和材料的可用性。

（3）市场限制，例如通货膨胀率和来自国内外其他实体的竞争。

（4）政治限制，例如联邦政府未来的变化、国会的组成、对某些外国实体或非政府资助机构的领导层的限制。

（5）法律限制，例如具有新要求或诉讼威胁的新法规。

（6）新技术的出现，可能为实现新目标或更快实现当前目标创造机会，或者反过来构成新威胁，如网络安全。

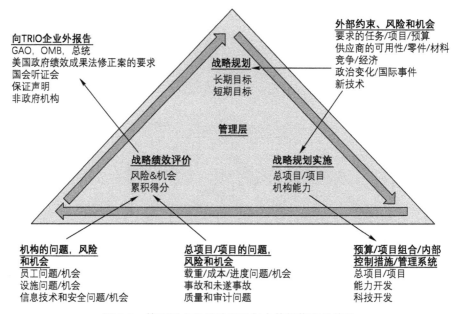

图 2.3 管理层内的活动以及与内外部信息的传递

此外，信息以陈述和报告的形式，从管理层转移到 TRIO 企业管理结构外部或独立于 TRIO 企业管理结构的实体，如（对于联邦机构）GAO、OMB、监察长和国会。向 OMB 提供信息的范围和内容，必须符合 OMB 通告中详述的美国政府绩效成果法修正案（GPRAMA）要求。

从内部（总项目层级和机构/技术层级）收集的信息包括：

（1）总项目/项目的风险和机会状态，包括安全关注点、技术性能关注点、成本关注点和进度关注点。

（2）机构/技术层级的风险和机会状态，包括员工关注点、设施和设备关注点、IT 关注点和安全关注点。

（3）识别和评价跨总项目、项目和机构/技术组织的风险和机会。

（4）总项目层级和机构/技术层级，从风险演变为问题的关注点状态，以及纠正措施的状态。

相应地，信息通过战略规划和相关的支持材料，尤其包括机构的总项目组合、项目、机构方案、研究和开发方案的具体说明，资源预期、进度和预算等，从管理层转移到总项目层和机构/技术层。

总项目或项目委员会层的活动和信息传递，与管理层的活动和信息传递相似，但有以下区别（图 2.4）：

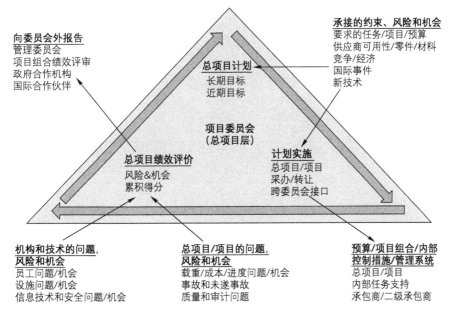

图 2.4 项目委员会（总项目层）内的活动以及与内外部来源之间的信息传递

(1) 总项目的顶层目标，大部分来自管理层，并作为其战略规划和规划实施活动的一部分。

(2) 项目计划、实施和绩效评价活动的结果，提交给 TRIO 企业内的各个管理委员会，其中可能包括如战略管理委员会、执行委员会、总项目管理委员会和/或任务支持委员会。

(3) 总项目绩效评价的结果，也为项目组合的绩效评价提供了输入。

(4) 总项目计划活动的实施，包括向其他项目委员会的反馈，特别是涉及多个项目委员会都关注的内容。

总的来说，项目委员会像企业一样运作，因此从实践的角度来看，EROM 的原则既适用于总项目层，也适用于管理层。

技术中心或局①也是如此，如图 2.5 所示。机构/技术层的活动和信息传输，与总项目层的活动和信息传输类似，但其顶层目标涉及机构和技术能力的开发，以及对总项目/项目的支持。这些顶层目标要求技术中心在其计划过程中聚焦于如何实现其直接提供的服务与从其他实体获得的服务之间的有效平衡，这里的"其他实体"指商业公司、大学或其他机构等。

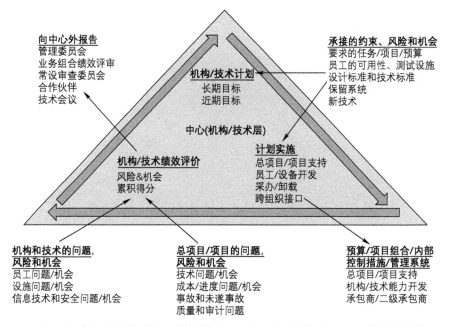

图 2.5 技术中心内的活动（机构/技术层）以及与内外部来源之间的信息传递

2.2.2 各管理层级内部及其之间的角色和职责

全面风险管理和内部控制的一个主要因素，是确保明确界定管理角色和责任，并且在分配这些角色和责任时不存在空当。表 2.1 列出了典型 TRIO 企业在管理层、项目委员会和技术中心或技术局的常见角色和职责。表中的条目改编自 NASA（2014a）（表 D-1），它们进一步阐述了图 2.3~图 2.5 中描述的信息。[②]

表 2.1 典型的管理层、项目委员会和技术局的管理角色和职责（改编自 NASA，2014a，表 D-1）

类别	管理层的职责	管理层成员和咨询团队的职责	各项目委员会的职责	各技术中心或局的职责（I—机构发展、战略支持、总项目/项目支持，T—技术权威）
战略规划	确立企业战略重点和方向 批准企业战略计划、计划架构和顶层指南 批准各项目委员会制定的实施计划	领导企业战略计划的制定 领导年度绩效计划的制定	支持企业战略规划 发展壮大项目委员会 实施计划和跨项目委员会的架构计划与企业战略计划、计划架构和顶层指南保持一致	支持企业和项目委员会的战略规划和支持研究（I）
总项目/项目概念研究		根据需要，为高级概念研究提供技术专业知识	针对概念研究制定方向和指南，以形成总项目和非竞争性项目	针对概念研究制定方向和指南（I）
总项目需求开发			建立、协调和批准高层次的总项目需求 建立、协调和批准高层次的项目需求，包括成功标准	为总项目和项目需求开发提供支持（I） 提供设施方面的资源评估（I） 批准对这些要求的变更、偏差和豁免，这些是技术权威部门委托给技术局（T）的职责
技术中心/机构的需求开发	批准企业层级对总项目和项目的方针和要求	为总项目和项目制定方针和程序要求，并确保充分实施 批准/不批准其授权下的豁免和对要求的偏离	为总项目和项目制定跨任务的支持方针和要求，并确保充分实施 批准/不批准其授权下的豁免和对要求的偏离	为总项目和项目制定技术指导方针和要求，并确保充分实施（I） 为总项目和项目制定技术权威方针和要求，并确保充分实施（T） 批准/不批准其授权下的豁免和对要求的偏离（I，T）

续表

类别	管理层的职责	管理层成员和咨询团队的职责	各项目委员会的职责	各技术中心或局的职责（I—机构发展、战略支持、总项目/项目支持，T—技术权威）
预算和资源管理	确定企业资源（如设施）使用的相对优先级 为各项目委员会和任务支持办公室建立预算计划控制	管理和协调企业年度预算指南、制定和提交 分析项目委员会提交的文件，以确保与总项目和项目计划及绩效的一致性 制定企业运营计划和企业执行预算	与负责执行的技术中心或局一起制定人员和设施计划 提供与批准计划一致的总项目和项目预算提交指南 将预算资源分配给指定总项目和项目的技术中心或局 进行年度总项目和项目预算提交审查	确认总项目和项目人员需求（I） 提供执行总项目和项目（I）所需的人员、设施、资源和培训 支持年度总项目和项目预算提交，并验证技术局的投入（I） 为审查、评估、开发和维护确保技术和总项目/项目管理卓越所需的核心能力提供资源（T） 确保资源的独立性，以支持技术权威的实施（T）
总项目/项目绩效评价	通过状态审查评估总项目和主要项目的技术、进度和成本绩效 领导企业绩效管理委员会 领导企业范围的基准总项目绩效评价	为管理层进行专门研究 提供独立的绩效评价 管理企业范围的基准总项目绩效评价程序	评估总项目的技术、进度和成本绩效，并采取适当的措施来降低风险 领导项目委员会的绩效管理委员会 支持企业范围的基准总项目绩效评价	作为正在进行的程序和会议的一部分，根据批准的计划评估总项目和项目的技术、进度和成本绩效 主持技术局的管理委员会（I） 提供汇总状态，以支持企业范围的基准总项目绩效评价程序和其他合适的会议（I）
总项目绩效问题	通过绩效管理委员会和企业范围内的基准总项目绩效评价，评估项目的计划大纲、技术、进度和成本	维护问题和风险绩效信息 跟踪项目成本和进度绩效 管理对外部利益相关者的项目绩效报告	向管理层报告总项目和项目绩效问题和风险，并提出缓解或恢复计划	监控总项目和项目的技术和计划大纲进展，以帮助发现出现的问题（I） 为总项目和项目提供支持和指导，解决技术和计划大纲问题及风险（I） 主动与各项目委员会、总项目、项目和其他机构当局合作，寻找建设性解决问题的方法（I） 指导纠正措施以解决绩效问题（I）
关键决策点（KDP）	授权总项目和主要项目通过关键决策点推进	为关键决策点提供执行秘书处职能，包括编制最终决策备忘录	授权总项目和主要项目通过关键决策点推进 为关键决策点的总项目和主要项目提供建议，包括提出成本和进度承诺	进行支持性分析，以确认总项目和所有项目的关键决策点准备情况（I） 对所有进入关键决策点的准备情况进行审查（I） 提交技术局对以往通过关键决策点的准备情况、计划资源的充足性及技术局履行承诺的能力评估（I） 参与重大新计划或新安排的活动和程序，确保在新计划变得明确和正式实施之间进行建设性的沟通和推进（I）

2.3 EROM 与管理活动的协调

2.3.1 组织的规划和规划实施

图 2.6 说明了 EROM 在所有三个层级，协助管理者制定敏捷和可实现规划的方式。以下是此图中描述活动的简要总结：

为 EROM 程序提供输入的管理活动包括：

（1）了解并遵守外部约束，例如授权的任务和总项目、授权的预算、供应商和零件或材料的可用性以及法律现实。

（2）确定符合外部约束，并有可能在所有时间范围内实现组织任务的备选目标层级结构。

EROM 活动为选择备选目标和编制组织规划的管理活动提供的输入包括：

（1）描述和理解与失败、成功、先兆、异常、意外收益和经验教训有关的所有历史经验。

（2）根据历史记录和专家判断，识别每组备选目标的风险和机会。

（3）根据过去的经验和当前的风险/机会先行指标，评估与实现每个目标的可能性相关的风险/机会的状态。

（4）风险知情的内部控制措施的选择和应用。

2.3.2 组织绩效的评价和重新规划

不同管理层级的绩效评价，还涉及管理活动和 EROM 活动之间的密切协调。从 EROM 的角度来看，支持绩效评价的活动类似于支持组织规划的活动，两者都涉及风险和机会的识别和评价。如 1.2.2 节所述，主要区别在于风险和机会定义中存在的成熟度差异。

EROM 协助管理者评价组织绩效的方式如图 2.7 所示。以下是此图中描述活动的简要总结：

为 EROM 程序提供输入的管理活动包括：

（1）跟踪与组织的中期和短期目标实现相关的，每个总项目、项目、机构方案和其他活动的进展。

（2）定期进行项目组合绩效评价（PPR），以评估对绩效计划的整体遵守情况，并识别和评价跨领域的问题。

EROM 活动为开展项目组合绩效评价提供的输入包括：

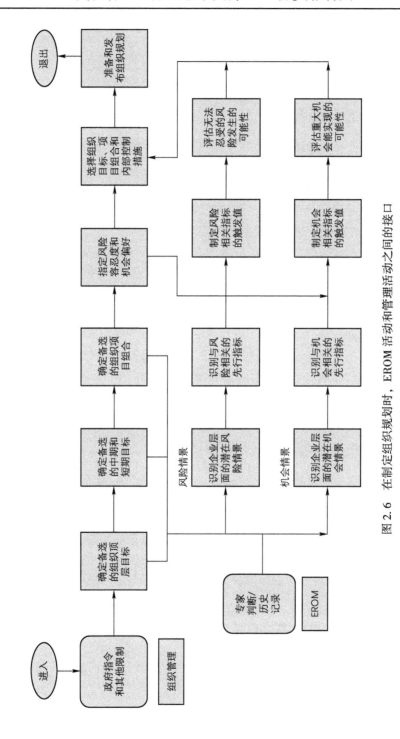

图 2.6 在制定组织规划时，EROM 活动和管理活动之间的接口

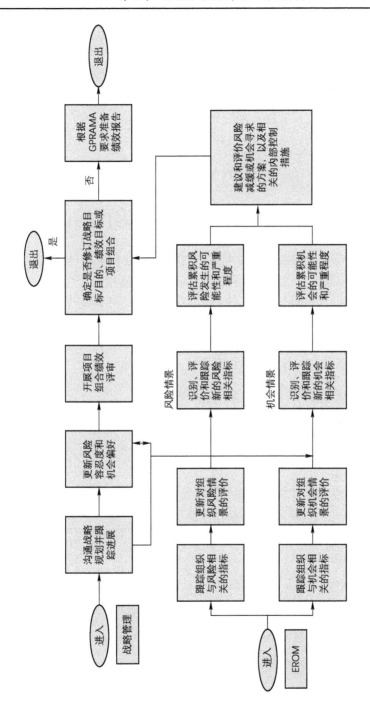

图 2.7 在组织规划相关的绩效评价中,EROM 活动和管理活动之间的接口

（1）跟踪与组织的风险和机会相关的先行指标。请注意，管理层的风险和机会通常来自外部，例如政治、经济或监管变化；而较低管理单位的风险和机会通常来自内部，例如任何任务执行中储备和备用的消耗：安全、技术性能、进度和成本。

（2）从先行指标的当前值，评估组织目标层级中每个层级中的风险和机会的重要性。

为评估组织绩效的管理活动提供输入的 EROM 活动包括：

（1）识别和跟踪与中短期组织目标有关的内部绩效指标，以及内外部风险和机会的先行指标。

（2）从绩效指标和先行指标的当前值及其监测到的趋势，评估与实现组织顶层目标的可能性有关的风险和机会状态。

（3）当风险令人担忧或机会有吸引力时，进行分析并提出可能采取的备选方案，以减轻风险或寻求机会并确定相关的内部控制措施。

有了这些输入，管理者就有了一个坚实的基础，可以确定组织的目标是否正在实现，以及是否有修改或改变某些目标、项目组合因素的有力理由（无论是积极的理由还是消极的理由）。据此，组织还能够更好地编写外部利益相关方和资助机构要求的绩效报告和介绍。

2.3.3 与管理层级的角色和职责保持一致

表 2.2 提供了与表 2.1 中列出的角色和职责一致、支持 TRIO 企业各管理层级 EROM 活动的更详细分项。表 2.2 中的条目进一步阐述了图 2.6 和图 2.7 中传达的信息。

表 2.2 由 EROM 提供管理层、项目委员会和技术中心或局的支持标准，与前述的角色和职责一致

序 号	管理（E）层	项目委员会（PD）层	技术中心或局（TD）层
（1）战略规划	当管理层的战略目标已经制定，并且正在考虑企业范围的规划大纲和任务支持结构时： • 使用历史经验和专家判断来识别影响 E 层级战略目标实现能力的风险和机会，并估计其潜在的重要性； • 包括来自企业内外部的风险和机会； • 确定关键的风险和机会指标，作为 E 层级定性风险和机会的替代	当 PD 层级的目标已经制定，并且正在考虑 PD 层级的总项目/项目结构时： • 使用历史经验和专家判断来识别影响 PD 层级目标实现能力的风险和机会，并估计其潜在的重要性； • 包括来自 PD 层级内外部的风险和机会； • 确定关键的风险和机会指标，作为 PD 层级定性风险和机会的替代	当 TD 层级目标已经制定，并且正在考虑机构和任务支持的结构时： • 使用历史经验和专家判断来识别影响 TD 层级目标实现能力的风险和机会，并估计其潜在重要性； • 包括来自 TD 层级内外部的风险和机会； • 确定关键的风险和机会指标，作为 TD 层级定性风险和机会的替代

续表

序　　号	管理（E）层	项目委员会（PD）层	技术中心或局（TD）层
（2）战略规划	当项目委员会层级和技术局层级的风险和机会已经确定，并且其重要性被估计时： ● 使用汇总程序，将PD层级和TD层级的风险和机会整合到管理层级	当总项目/项目的风险和机会已被识别且其重要性被估计时： ● 使用汇总程序，将总项目/项目的风险和机会整合到PD层级	当总项目/项目和机构的风险和机会已被识别且其重要性已被估计时： ● 使用汇总程序，将总项目/项目和机构的风险和机会整合到TD级别
（3）战略规划	当风险和机会已经汇总到E层级时： ● 使用一致同意的排序方案来评估企业的规划大纲和任务支持架构的可行性	当风险和机会已经汇总到PD层级时： ● 使用一致同意的排序方案来评估PD总项目/项目架构的可行性	当风险和机会已经汇总到TD级别时： ● 使用一致同意的排序方案来评估TD的机构和任务支持架构的可行性
（4）战略规划	当已经评估了每个拟议的企业规划大纲和任务支持架构的可行性时： ● 准备一份报告和演示文稿，为选择或拒绝E层级的规划大纲和任务支持架构奠定技术基础； ● 使用符合OMB A-11和A-123中要求的格式	当已经评估了每个拟议的PD层级的总项目/项目架构的可行性时： ● 准备一份报告和演示文稿，为选择或拒绝PD层级的总项目/项目架构奠定技术基础； ● 使用符合管理委员会要求的格式	当已经评估了每个拟议的TD层级的机构和任务支持架构的可行性时： ● 准备一份报告和演示文稿，为选择或拒绝TD层级的机构和任务支持架构奠定技术基础； ● 使用符合管理委员会要求的格式
（5）总项目/项目概念研究	当已经在所有层级选择了规划大纲和任务支持架构，并且正在进行概念研究时： ● 利用在E层级整合的风险和机会结果，为开展高级概念研究所需的技能和资源类型提供指导	当已经选择了总项目/项目架构的可行性并正在进行概念研究时： ● 利用在PD层级整合的风险和机会结果，为开展高级概念研究所需的技能和资源类型，以及PD层级的总项目和非竞争性项目的分析计划提供指导	当已经选择了机构和任务支持架构的可行性并正在进行概念研究时： ● 利用在TD层级整合的风险和机会结果，为开展高级概念研究所需的技能和资源类型，以及整合绩效和风险考虑的分析计划提供指导
（6）制定规划大纲和任务支持机构要求	当规划大纲和任务支持机构要求正在制定时： ● 帮助企业确保将相关的最佳实践和从历史经验中吸取的教训，纳入企业的政策及总项目和项目的程序要求中； ● 使用在E层级整合的风险和机会结果，评估每个高层级需求相对于企业成功实现其战略目标的可能性的相对重要性； ● 使用在E层级整合的风险和机会结果，帮助确保建议的偏差和豁免，不会显著降低企业成功实现其战略目标的可能性	当规划大纲和任务支持机构要求正在制定时： ● 帮助PD确保将相关的最佳实践和从历史经验中吸取的教训，纳入高层级总项目和项目要求的建立中； ● 使用在PD层级整合的风险和机会结果，评估每个高层级要求相对于PD成功实现其目标的可能性的相对重要性； ● 利用在PD层级整合的风险和机会结果，帮助确保建议的偏差和豁免，不会显著降低PD成功实现其目标的可能性	当规划大纲和任务支持机构要求正在制定时： ● 帮助TD确保相关的最佳做法和从历史经验中吸取的教训，纳入TD关于总项目以及机构方案的政策和程序要求中； ● 利用在TD层级整合的风险和机会结果，评估每个高层级要求相对于TD成功实现其目标和分配给TD的每一项任务目标的可能性的相对重要性； ● 利用在TD层级整合的风险和机会结果，帮助确保建议的偏离和豁免，不会显著降低TD成功实现其目标和分配给TD的每个任务的目标的可能性

续表

序　号	管理（E）层	项目委员会（PD）层	技术中心或局（TD）层
（7）预算和资源管理	当 E 层级的预算正在建立和资源正在分配时： • 利用在 E 层级整合的风险和机会结果，帮助确保企业资源分配的优先顺序，以及预算指导和执行预算的运营计划，与优化企业成功实现其战略目标的可能性相一致	当 PD 层级的预算正在建立和资源正在分配时： • 利用在 PD 层级整合的风险和机会结果，帮助确保员工和设施计划、PD 内部的预算资源分配，以及对 TD 的预算资源分配，与优化 PD 成功实现其目标的可能性相一致	当 TD 层级的预算正在建立和资源正在分配时： • 利用在 TD 层级整合的风险和机会结果，帮助确保 TD 内部的员工和设施计划，以及预算资源的分配，与优化 TD 成功实现其目标和分配给 TD 的每个任务的目标的可能性相一致
（8）企业和总项目/项目绩效评估和问题管理	当正在评估企业相对于其既定战略目标的绩效时： • 识别和评价自上次绩效评价以来，或自战略规划制定和批准以来（如果没有之前的评审），在 E 层级发生的风险和机会变化的重要性； • 包括源自 E 层级内外部的风险和机会； • 识别任何新的关键指标，作为 E 层级新的定性风险和机会的替代； • 制定跟踪 E 层级关键指标的程序，并不断评估其现值和趋势所代表的关注程度	当正在评估 PD 相对于其既定目标的绩效时： • 识别和评价自上次绩效评价以来，或自战略规划制定和批准以来（如果没有之前的评审），在 PD 层级发生的风险和机会变化的重要性； • 包括源自 PD 内外部的风险和机会； • 识别任何新的关键指标，作为 PD 层级新的定性风险和机会的替代； • 制定跟踪 PD 层级关键指标程序，并不断评估现值和趋势所代表的关注程度	当正在评估 TD 相对于其既定目标的绩效时： • 识别和评价自上次绩效评价以来，或自战略规划制定和批准以来（如果没有之前的评审），在 TD 层级发生的风险和机会变化的重要性； • 包括源自 TD 内外部的风险和机会； • 识别任何新的关键指标，作为 TD 层级新的定性风险和机会的替代； • 制定跟踪 TD 层级关键指标的程序，并不断评估其现值和趋势所代表的关注程度
（9）企业和总项目/项目绩效评价和问题管理	当 PD 层级和 TD 层级的风险和机会已更新且其重要性已估计时： • 使用汇总程序，将 PD 层级和 TD 层级的风险和机会整合到 E 层级	当总项目/项目的风险和机会已经更新并且其重要性已经估计时： • 使用汇总程序，将总项目/项目的风险和机会整合到 PD 层级	当总项目/项目和机构的风险和机会已经更新并且其重要性已经估计时： • 使用汇总程序，将总项目/项目和机构的风险和机会整合到 TD 层级
（10）企业和总项目/项目绩效评价和问题管理	当风险和机会已经汇总到 E 层级时： • 识别影响企业实现其战略目标能力的绩效问题； • 识别绩效问题解决方案或控制选项，并评估每个选项的优缺点	当风险和机会已经汇总到 PD 层级时： • 识别影响 PD 满足其目标的能力的绩效问题； • 确定绩效问题解决方案或控制选项，并评估每个选项的优缺点	当风险和机会已经汇总到 TD 层级时： • 识别影响 TD 实现其目标和分配给 TD 的每项任务目标的能力的绩效问题； • 确定绩效问题解决方案或控制选项，并评估每个选项的优缺点

续表

序　号	管理（E）层	项目委员会（PD）层	技术中心或局（TD）层
（11）企业和总项目/项目绩效评价和问题管理	当已经评估了 E 层级绩效问题的每个建议解决方案或控制选项的可行性时： ● 准备一份报告和演示文稿，说明企业绩效评价的结果，并为 E 层级选择解决方案或控制选项奠定技术基础； ● 使用符合 OMB A-11 和 A-123 中要求的格式	当已经评估了 PD 层级绩效问题的每个建议解决方案或控制选项的可行性时： ● 准备一份报告和陈述，说明 PD 层级绩效评价的结果，并为 PD 层级选择解决方案或控制选项奠定技术基础； ● 使用符合管理委员会要求的格式	当已经评估了 TD 层级绩效问题的每个建议解决方案或控制选项的可行性时： ● 准备一份报告和演示文稿，说明 TD 级绩效评价的结果，并为 TD 层级选择解决方案或控制选项奠定技术基础； ● 使用符合 MSC 要求的格式
（12）关键决策点的接受标准	当企业必须在关键决策点作出风险接受决策时： ● 帮助制定与影响企业战略目标的风险相关的风险接受标准	当 PD 必须在关键决策点作出风险接受决策时： ● 帮助制定与影响 PD 目标的风险相关的风险接受标准	当 TD 必须在关键决策点作出风险接受决策时： ● 帮助制定与影响 TD 的目标和分配给 TD 的每个任务的目标的风险相关的风险接受标准

2.4　扩展合作伙伴之间的沟通

2.4.1　需要合作伙伴的战略目标的性质

大型非营利组织和 TRIO 组织往往具有多样性的战略目标，这些目标超越了与主要任务相关的技术和科学成就，还包括需要广泛合作才能实现的地缘政治、宏观经济和社会目标。例如，以下是 NASA 战略规划中的几个战略目标（S.O.s），就属于这一类性质：

[S.O. 1.1] 将人类的活动领域扩展到太阳系和火星表面，以推进探索、科学创新、造福人类和国际合作。

[S.O. 1.2] 对国际空间站（ISS）进行研究，以实现未来的太空探索，促进商业航天经济，并推进基础生物和物理科学以造福人类。

[S.O. 1.3] 促进和利用美国的商业能力将货物和人员送上太空。

[S.O. 1.7] 通过成熟的交叉和创新技术，转变 NASA 的任务并提升国家的能力。

[S.O. 2.4] 通过与其他机构合作，让学生、教师和教职员工参与到 NASA 的任务和独特资产中，推进国家的 STEM（科学 Science，技术 Technology，工程 Engineering，数学 Mathematics）教育和职业队伍。

诸如此类的目标要求 TRIO 企业与其他美国机构、外国机构、商业实体和教育实体合作。大多数协作发生在项目、总项目和特殊活动（如新技术开发）中，这些活动旨在满足管理组织的战略目标。

2.4.2 跨扩展伙伴实施 EROM 的挑战

在依赖扩展伙伴关系的企业内，实施有效的 EROM 程序可能具有挑战性。例如，根据美国国防部国家地理空间情报局的一位副局长（Holzer，2006），在跨越扩展伙伴关系的 EROM 实践中写道："抵制变革的文化和不愿意分享负面信息，在现实中是占了上风的。说服人们采用属于更大组织的程序，并共享有关他们实现总项目目标的能力的信息，具有额外的复杂性。"

一般而言，当涉及扩展的伙伴关系时，需要以下态度和执行视角，来实现令人满意的 EROM 实施（Holzer，2006；Perera，2002）：

（1）每个合作伙伴的管理者都需要确信，向扩展合作伙伴中的所有参与者公布风险将得到积极认可，有时还会获得风险缓解资金的奖励。

（2）其组件或系统与其他合作伙伴的组件或系统集成的合作伙伴需要确信，通过协作和合作管理集成关系产生的风险，对其是有利的。

（3）当加入由明显不同的组织所管理的企业，以创建扩展伙伴关系时，需要根据专利、安全、对外传播（ITAR）和其他因素，将多样化的领导、目标、动机和其他文化观点（以及开展风险管理的方式）融合在一起。

根据各种消息来源，实现跨扩展伙伴关系认同的唯一最重要因素是每个伙伴关系组织的高级领导人，特别是在高层，反复表达他们的支持，并加强对跨伙伴关系的整合风险和机会管理程序的问责。③

2.5 EROM 对遵守联邦法规和指令的作用

本节描述了联邦机构 EROM 方法的实施，如何与联邦政府立法和行政部门发布的管理要求、指南直接关联。这些管理要求通过 GPRAMA 法案和 OMB 通告 A-11 和 A-123 发布。

2.5.1 OMB 通告 A-11 和 GPRAMA（政府绩效、成果和预算）

2016 年 7 月发布的 OMB 通告 A-11（OMB，2016a）有几个新章节，专门介绍了全面风险管理。以下是这些章节中的三个相关引用：

（1）第 270.24 节指出，"全面风险管理（ERM）是一种有效的全局性方法，通过将风险的综合影响理解为一个相互关联的组合，而不是孤立地处置风险，从而管控组织的所有重大风险。ERM 提供了全局性、战略上一致的组织所面临的挑战组合视图，可以帮助组织更好地了解在任务交付的过程中，如何最有效地排序和管控风险。"

（2）第 270.25 节指出，"ERM 是一门战略学科，可以帮助机构正确识别和管理与绩效相关的风险，特别是与实现战略目标相关的风险。组织对风险状况的看法，使机构能够快速判断哪些风险与实现战略目标直接相关，哪些风险影响任务的概率最高。如果执行得当，ERM 将提高机构确定工作优先级、优化资源和评估环境变化的能力。"

（3）第 270.26 节指出，"虽然各机构不需要配置首席风险官（CRO）或全面风险管理职能，但他们需要管理影响机构任务、目标和目的相关的风险。在适用的情况下，首席风险官或其他指定负责这些职责的人员，可担任首席运营官（COO）和其他人的战略顾问，负责将风险管理实践整合到日常业务运营和决策中。"

GPRAMA 和 OMB 通告 A-11 还讨论了先行指标，这些指标使机构能够表明它正在实现其目的和目标的轨道上，并且在脱轨的情况下，能使得机构了解原因以及如何纠正它们。GPRAMA 法案包含与本讨论相关的以下规定：

（1）在第 306 段中："各机构负责人应在该机构的公共网站上提供一份战略计划，其中应包括……识别机构外部及其无法控制的、可能显著影响总体目标和任务实现的关键因素。"

（2）在第 1121 段中："使用……实现机构优先目标的绩效信息（和）对机构不能达到优先目标所设定的绩效水平的最大风险，确定绩效改进的方向和策略，包括对机构计划、法规、政策或其他活动的任何必要变更。

OMB 通告 A-11 中提供的进一步信息包括以下结果：

（1）在第 200.21 节中，"其他指标（是）绩效目标或机构优先目标声明中未使用的指标，但可用于解释机构的进展，或用于识别可能影响机构进展的外部因素。"

（2）同样在第 200.21 节中，"结果（指标）是一种度量，表明在实现计划预期结果方面取得的进展，（以及）表明政府试图影响的条件变化。"

这里提到的指标可能被推断为风险先行指标，因为它们关注阻碍未来结果进展的因素。

此外，OMB 通告 A-11 谈到了追求机会的愿望。从摘要中的引述如下：

（1）"政府希望各机构设定数量有限的雄心勃勃的目标，以鼓励创新和采用循证战略。组织各级机构领导人负责明智地选择目标和指标，并制定雄心勃勃但切合实际的目标。明智地选择目标和指标，反映了机构为推进其使命和任务，对问题和所追求机会的特征进行了仔细的分析。"

（2）"通过指南中所述的实践来维持强大的绩效文化固然重要，但同样重要的是，要有可靠和有效的程序来支持持续改进和能力建设的机会。"

EROM 帮助组织确保遵守 GPRAMA 和 OMB 通告的主要方式是，它强调有一个稳健的程序来选择长短期目标，考虑风险和机会领先指标以评价成功的可能性，将机会追求与风险控制放在同等地位。从图 2.6 和图 2.7 中可以明显看出 EROM 的上述特点。

2.5.2 从联邦法规和指南的角度看 EROM 和内部控制

根据新的联邦法规和相关指南，实施 EROM 所涉及的活动与设计、实施和维护内部控制所涉及的活动密切相关并相互支持。

根据通告 A-11（OMB，2016a），内部控制是机构使用的（一个）组织、政策和程序，以合理保证：

（1）总项目实现了预期的结果。

（2）使用的资源与机构的任务一致。

（3）保护总项目和资源不受浪费、欺诈和管理不善的影响。

（4）遵守法律法规。

（5）获得、维护、报告可靠和及时的信息，并用于决策。

在 EROM 的背景下，内部控制可被视为组织决定实施的程序，这些程序提供针对风险的纵深防御，推动组织成功实现战略目的和目标。对风险和机会的整体响应，可包括在前述 EROM 框架内对系统的设计、制造、组装、测试和操作的添加或修改，以减轻风险和利用机会。内部控制措施聚焦于使得总体风险应对得以成功实施的程序、流程、规程。

根据 COSO（2004），"内部控制包含在全面风险管理中，是全面风险管理的组成部分。全面风险管理的应用范围比内部控制更广泛，并对内部控制进行了扩展和细化，形成了更加稳健、更全面关注风险的概念。"

在 OMB 通告 A-123 的最新版本中，引用了内部控制措施的一些典型示例，如下（OMB，2004）：

（1）政策和程序。

（2）管理目标（在整个机构内清楚地写明并沟通传达）。

（3）计划和报告系统。

（4）分析性审查及分析。

（5）职责分离（将授权业务、处理业务和审查业务的权限分离）。

（6）对资产的实际控制（对存货或设备的访问受限）。

(7) 恰当授权。

(8) 适当的文件和对该文件的访问。

这些控制往往侧重于保护总项目和资源免遭浪费、欺诈和管理不善,以及保护实体免于承担法律责任。除此之外,风险先行指标的识别、跟踪和分析,是另一种应对战略风险并帮助组织实现其任务的内部控制。此类内部控制在最近发布的 A-123 和 A-11 号通告中得到了更全面的阐述。

在战略规划领域,存在与目标设定相关的风险,例如无法从外部实体获得可靠信息;并且存在管理这些风险的控制措施,例如确保获得可靠信息并将其提供给那些负责设定目标的人。一旦确定了目标,如果没有正确的信息,也可能会影响进行有效风险管理的能力。所以,还应该采取控制措施来应对这些风险(Marks, 2013)。

在确定是否应建立特定的控制措施时,要与相关成本一起考虑失败的风险和机会的重要性(COSO, 2004)。例如,如果生产过程中使用的原材料成本低、材料不易腐烂、有现成的供应来源,且储存空间随时可用,则 TRIO 企业设置复杂的库存控制来监控原材料水平,可能不符合成本效益。不能应对重大风险或机会的过度控制,可能代价高昂且效率低下。此外,实施不必要的控制所带来的额外负担,实际上可能会增加风险。

2.5.3 OMB 通告 A-123(管理者的全面风险管理和内部控制职责)和要求的保证声明

OMB 通告 A-123(OMB, 2016b)涉及管理者整合内部控制与全面风险管理的职责。向各政府机构介绍新通告的备忘录指出,对先前版本进行更改的目的是,"通过要求各机构实施和依据 GPRAMA 法案制定的战略规划和战略评审程序,以及 FMFIA 法案和政府问责局(GAO)绿皮书要求的内部控制程序相协调的全面风险管理(ERM)能力,以升级现有的系列活动。"新通告的主旨,是有意在较高的层次上允许每个机构有制定适用于它的方式方法的自由。

OMB(2016b)认为内部控制包含在全面风险管理中,而全面风险管理包含在治理中(见图 2.8)。正如 OMB(2016b)所述:"大多数机构应该建立自己的能力,首先进行更有效的风险管理,然后实施全面风险管理,根据影响严酷度对这些风险进行排序,最后建立内部控制来监测和评估不同时间点的风险变化。"此外,"为了提供对风险管理职能的治理,机构可以使用风险管理委员会(RMC)来监督机构风险清单的建立、定期的风险评估和恰当风险应对措施的制定。"

图 2.8　根据 OMB 新通告 A-123，治理、全面风险管理、
风险管理和内部控制之间的关系

联邦政府的广泛治理结构是通过多种来源定义的，特别是，根据 OMB (2016b)，"核心治理程序是根据 OMB 的预算指引制定的，如 OMB 通告 A-11 定义了行政部门制定和执行战略规划、编制总统预算请求、汇编国会预算说明、进行绩效评价、发布年度绩效计划和年度项目绩效报告的程序。"

根据 OMB (2016b)，每个联邦机构都必须提交一份保证声明 (SoA)，"代表机构负责人对机构内部控制的整体充分性和有效性的知情判断"。根据 NASA (2014b)，"GAO 和 OMB 正在寻求澄清有关内部控制的现有指引……过去，这项评审主要集中在财务（事项）……澄清的指引，还寻求更有建设性地聚焦"知情风险/基于风险的整合内部控制系统"概念，这不是新的概念，但以前被财务重点所掩盖。"

OMB (2016b) 强调拥有合适的全面风险管理程序和系统的重要性，以及提前识别挑战，并引起机构领导的注意，再制定其解决方案。它主要从已有的 COSO 和英国橙皮书 (2004) 中合成现有的 EROM 材料，同时依赖 GAO 绿皮书 (GAO, 2014a) 作为内部控制相关原则的主要来源。正如本书前面 1.1.4 节所述，COSO 提供了一个与私营企业特别相关的总体 EROM 框架。相应地，橙皮书提供了一个与联邦机构，特别是英国的政府机构相关的 EROM 框架。在 OMB 新通告 A-123 中，橙皮书的技术性参考材料，主要涉及风险清单的来源和根据不同实体之间的关系所定义的 EROM 模型的开发。

以下内容是直接引述 A-123 通告对联邦机构提出的一些新要求，作者对重点做了强调：

（1）"（通告）要求机构整合风险管理和内部控制职能。"

（2）"联邦领导人和管理人员负责……实施能够有效识别、评估、缓解和报告风险的管理活动。"

（3）"每年，机构必须编制与其年度战略评审相协调的风险清单。"

（4）"（风险清单应该）识别由任务和任务支持活动引发的风险。"

（5）"风险的组合视图（应该提供）对组织所有领域的风险敞口的洞察，例如声誉、规划大纲、绩效、财务、信息技术、采办、人力资源等。"

（6）"对于已将正式的内部控制活动确定为其风险清单的一部分的机构，必须在其年度财务报告（AFR）或年度绩效报告（APR）中提供关于内部控制程序的保证，以及关于已确定的重大缺陷和纠正措施的报告。"

（7）"机构应该开发'成熟度模型方法'应用在 ERM 框架中。"

（8）"在 2016 财年，鼓励各机构制定实施 ERM 的方式方法。在 2017 财年及之后，机构必须持续将风险识别能力构建到管理框架中，以识别新的或正在出现的风险，以及现有风险的变化。"

2.5.4　OMB 通告 A-123 中的风险清单示例

通告 A-123 中与风险清单编制有关的原则之一是，评估应"确保有一个结构清晰的程序，在该程序中，对每种风险的可能性和影响都进行了考虑。" OMB（2016b）的表 1 提供了一个风险清单的示例，该示例分别分析了固有风险（实施内部控制之前的风险）和剩余风险（实施内部控制之后的风险）的可能性和影响。具体见表 2.3。

正如 OMB（2016b）所述，"虽然机构可以设计他们自己的等级分类，但出于本指引的目的，使用以下说明性定义。"

对于影响的等级：

（1）高：影响可能会妨碍或严重削弱实体实现一项或多项目标或绩效目标的能力。

（2）中：可能显著影响实体实现一项或多项目标或绩效目标的能力。

（3）低：不会显著影响实体实现其每个目标或绩效目标的能力。

对于可能性的等级：

（1）高：风险很可能发生或合理预期会发生。

（2）中：风险发生的可能性比不发生的可能性大。

（3）低：风险不太可能发生。

3.6.3 节将介绍和讨论更适合 TRIO 企业的备选建议等级程序。

表 2.3　OMB 新通告 A-123 中的风险清单示例

风　险	固有评估		当前风险应对措施	剩余评估		提议的风险应对措施	负责人	建议的风险应对类别
	影响	可能性		影响	可能性			
战略目标——改善总项目结果								
由于总项目合作伙伴能力不足，X 机构可能无法实现总项目目标	高	高	风险降低：X 机构已经开发了一个项目，向项目合作伙伴提供技术援助	高	中	X 机构将通过合作伙伴的季度报告来监控项目合作伙伴的能力	主责——总项目办公室	主要——战略评审
运营目标——管理联邦机构运营中的欺诈风险								
合同和补助欺诈	高	中	风险降低：X 机构已经制定了程序，以确保合同履行情况得到监控，并确保保证当的制衡措施到位	高	中	X 机构将提供欺诈意识、识别、预防和报告方面的补助官员培训	主责——合同或补助官员	主要——内部控制评价
报告目标——提供可靠的外部财务报告								
X 机构被发现内部控制存在重大缺陷	高	高	风险降低：X 机构已经制定了纠正措施，为项目合作伙伴提供技术援助	高	中	X 机构与 OMB 协商监督纠正措施，以保留审计意见	所有者——首席财务官	提议的行动类别　主要——内部控制评价
合规目标——遵守不当支付法规								
总项目 X 极易受到重大不当支付款的影响	高	高	风险降低：X 机构已经制定了纠正措施，以确保降低不当支付比例被监控和降低	高	中	X 机构将制定预算提案，以加强总项目诚信	主责——总项目办公室	主要——内部控制评价和战略评审

注　释

① 应该指出的是，除了提供支持总项目和项目的机构和技术能力外，一些 TRIO 的技术中心还承担项目委员会分配给他们的总项目/项目管理职责。这个角色将包含在本书后面各个章节中关于技术中心的 EROM 的讨论中。

② 没包含在这里的 NASA（2014a）的其他管理部门有行政人员、任务支持委员会、总项目经理和项目经理。

③ 关于这个主题的更多讨论，将在 5.2 节中在技术中心管理的扩展伙伴关系的背景下进行。

参 考 文 献

Benjamin, A., Dezfuli, H., and Everett, C. 2015. "Developing Probabilistic Safety Performance Margins for Unknown and Underappreciated Risks," Journal of Reliability Engineering and System Safety. Available online from ScienceDirect.

Committee of Sponsoring Organizations of the Treadway Commission (COSO). 2004. Enterprise Risk Management—Integrated Framework: Application Techniques.

GAO-14-704G. 2014a. The Green Book, Standards for Internal Control in the Federal Government. Washington, DC: Government Accountability Accounting Office. (September).

Holzer, T. H. 2006. "Uniting Three Families of Risk Management—Complexity of Implementation x 3," INCOSE International Symposium 16 (1): 324-336. Also available from National Geospatial-Intelligence Agency. (July).

International Standard ISO/FDIS 31000. 2008. Risk Management—Principles and Guidelines.

Marks, Norman. 2013. "Is Risk Management Part of Internal Control or Is It the Other Way Around?" The Institute of Internal Auditors (May). www.theiia.org.

National Aeronautics and Space Administration (NASA). 2008. NPR 8000.4A. "Agency Risk Management Procedural Requirements." http://nodis3.gsfc.nasa.gov/displayDir.cfm?t=NPR&c=8000&s=4A.

National Aeronautics and Space Administration (NASA). 2014a. NASA/SP-2014-3705. NASA Space Flight Program and Project Management Handbook. Washington, DC: National Aeronautics and SpaceAdministration.

National Aeronautics and Space Administration (NASA). 2014b. "NASA Internal Control Program Statement of Assurance (SoA) Process Manual Fiscal Year 2014." (May 2).

Office of Management and Budget (OMB). 2004. OMB Circular A-123. "Manage-ment's Responsibility for Internal Control." https://www.whitehouse.gov/sites/default/files/omb/assets/

omb/circulars/a123/a123_rev. pdf.

Office of Management and Budget (OMB). 2016a. OMB Circular A-11. "Preparation, Submission, and Execution of the Budget." (July) https://www.whitehouse.gov/sites/default/files/omb/assets/a11_current_year/a11_2016.pdf.

Office of Management and Budget (OMB). 2016b. OMB Circular A-123. "Management's Responsibility for Enterprise Risk Management and Internal Control." (July) https://www.whitehouse.gov/sites/default/fles/omb/memoranda/2016/m-16-17.pdf.

The Orange Book, Management of Risk—Principles and Concepts. October 2004. United Kingdom: HM Treasury.

Perera, J. S. 2002. "Risk Management for the International Space Station." Joint ESA-NASA Space-Flight Safety Conference, European Space Agency, ESA SP-486. Also available from NASA Astrophysics Data System (ADS).

第3章 EROM程序和分析方法概述

本章讨论了与组织规划、规划实施和组织绩效评价相协调的EROM主要程序和分析活动。内容包括：获得组织目标层级结构的基本原则；为每个目标明确风险和机会信息；理解风险容忍度和机会偏好；编制全面风险和机会情景报表；识别相应的风险和机会先行指标，包括未知和低估（UU）风险的先行指标；将战略成功可能性与先行指标值相关联；对各种目标的成功可能性进行排序；识别/评价各种缓解风险、利用机会和建立内部控制措施的方案。关于建立与EROM整合的内部控制框架的更完整指导见第10章。

3.1 组织目标层级结构

3.1.1 各管理单位的目标层级结构

尽管TRIO企业的管理结构在不同的组织中各不相同，但为每个管理单位制定目标层级结构的程序往往是统一的。它包括由管理单位支持的实体确定该单位的顶层目标，并为每个顶层目标设计一套能实现顶层目标的基准绩效目标。顶层目标通常聚焦长期，而支持性绩效目标通常聚焦短期。

管理层级的战略规划，通常会得出一系列的战略目标，并在战略目标之下得出一系列顶层总项目目标和一系列机构及技术目标（见图3.1）。尽管时间跨度的界限是灵活的，战略目标的时间跨度通常为10年或更长，顶层总项目目标的时间跨度通常为5~10年。类似，作为支持顶层总项目目标的顶层机构和技术目标，时间跨度也通常为5~10年。

在总项目层级的管理单位通常由一系列的项目委员会组成，各项目委员会负责执行一个或多个从管理（领导）层级分解下来的顶层总项目目标。在各顶层总项目目标之下是一套短期目标，为了方便起见，这些近期目标被划分到不同的时间框架当中（见图3.2）。在一些TRIO企业中，这些短期目标被称为绩效目标，绩效目标的时间跨度是1~5年，还有的是1年或更短。

对于联邦机构来说，具有特别高优先级的绩效目标，被称为机构优先级目标（APG），有时也称为机构优先级计划（API）。在本书中，我们将绩效目标和年度绩效目标分别称为中期目标和短期目标，以便这一术语能应用于所有 TRIO 企业。

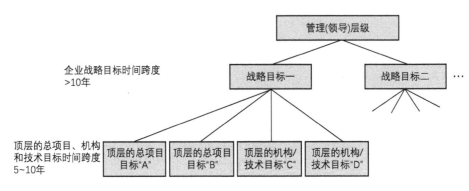

图 3.1　在管理层级制定的目标类型

TRIO 企业在机构/技术层级的管理单位，通常由一组特定的技术中心组成。各技术中心服务于两个目的：①发展并维护机构和技术的能力以满足战略目标的需求；②承担技术（通常包括技术管理）责任，以确保能成功实现规划目标①。就像是对项目委员会的目标分解一样，技术中心的目标从管理（领导）层级的高层目标向下，分解到中期和短期目标。分解如图 3.3 所示。

3.1.2　组织的整体目标层级结构

当企业的各个管理单位确定了目标层级结构后，就可能将各个管理单位的目标层级结构整合为一个企业级的整体目标层级结构。图 3.4 显示了这种复合的企业范围的目标层级结构概念。图中的虚线箭头代表了不同管理单位之间的关联及其各自的目标。正是这些关联决定了各个管理单位中的目标状态如何影响企业顶层的战略目标状态。

图 3.4 中虚线箭头所示的关系，实际上是简化了各管理单位及其目标之间复杂的相互作用。通过其他方式（如表格和模板）可以更好地显示这些关联关系②。

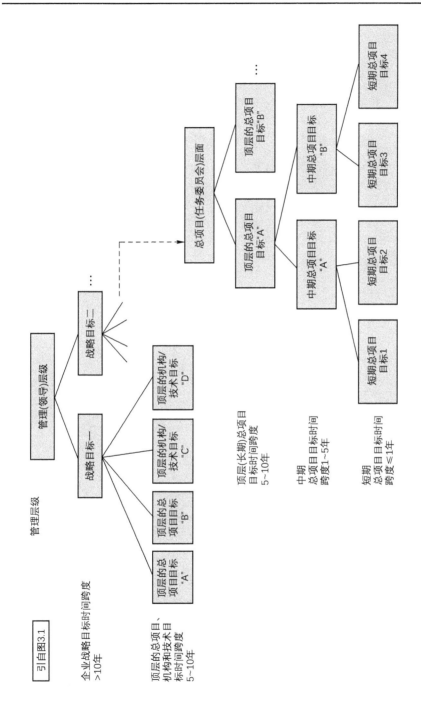

图 3.2 在总项目层面制定的目标类型

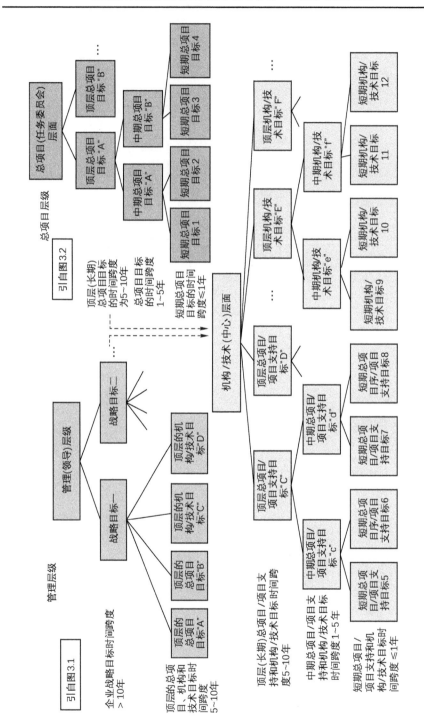

图3.3 在机构/技术层面制定的目标类型

第3章 EROM程序和分析方法概述

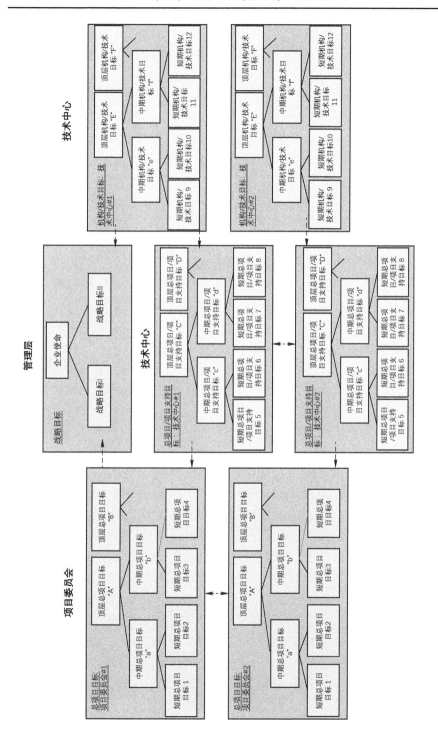

图 3.4 企业范围的整体目标层级结构概念

3.2 用风险和机会信息为企业目标层级结构输入数据

EROM 为组织规划和组织绩效评价提供支持的主要产品是评估，包括目标层级结构中，每个目标的累积风险和累积机会的排序或评级。目标的累积风险或总体风险，主要是指根据当前计划无法实现目标的可能性。目标的累积机会，是指根据未来发展改进计划以实现目标的可能性。有关这些术语的定义，请参阅 1.2.4 节。

这些排序是执行相关工作程序的结果，这些程序在 2.3.1 节、2.3.2 节和图 2.6、图 2.7 中有详细的描述。程序包括以下步骤，其结果在图 3.5 中有介绍：

（1）识别影响每个目标的单个风险和机会。

（2）识别可用于衡量风险/机会的重要性及其随时间变化趋势的先行指标。

（3）根据利益相关者（可能包括外部资助机构和内部决策者）对受影响目标的风险容忍度和机会偏好，确定先行指标的触发值。

（4）确定各先行指标的当前状态，包括指标的当前值及其当前的趋势。

（图 3.5 还描述了另外两个步骤，其复杂程度可能不会让读者立刻感受到。）

（5）汇总目标的每个风险和机会先行指标的状态，以推断该目标的总体风险和机会状态排序或评级。

（6）汇总目标层级结构中所有目标的风险和机会状态排序，以推断包括其他目标影响的风险和机会状态排序。

在后面的章节中，随着对这些程序的展开解释，执行这些步骤所涉及的程序将变得更加明显。如图 3.5 所示，无论是在组织规划中应用该程序，还是在组织绩效评价中应用该程序，都会执行相同的步骤，获得相同形式的结果。在组织规划过程中，因为风险和机会是根据历史经验判断的，所以系统架构和设计细节在该过程中通常还没有形成。在组织绩效评价期间，系统架构和设计处于足够成熟的状态，可以根据实际架构和设计来确定风险和机会。

在图 3.5 中，为个别机会提供的信息不仅包括机会情景，还包括衍生风险情景。衍生风险是机会的副产品，因为实现机会需要采取当前不在计划范围内的行动，这将会带来一个或多个相关风险。如利用新技术所带来的机会，可能会带来首次使用的不确定性和与开发成本相关的风险。[3]

第 3 章 EROM 程序和分析方法概述

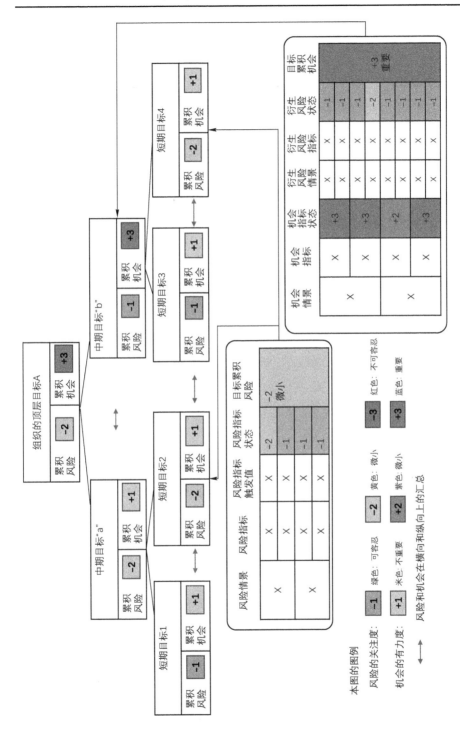

图 3.5 将风险和机会信息与组织目标层级结构中的目标相关联（见彩插）

3.3　建立风险容忍度和机会偏好

如 1.2.3 节所述和图 1.2 所示，在确定领先指标的触发值或将单个风险和机会汇总为累积值之前，需要采取的初步步骤是确定利益相关者对风险和机会的立场与看法。这些风险和机会的立场与看法，来自对目标层级结构中每个目标的风险容忍度和机遇偏好。

组织顶层目标的风险容忍度和机会偏好，通常由较低级别的利益相关者指定的容忍度和偏好汇总而来，并考虑其他因素，如应对的时间跨度等。

3.3.1　风险和机会平价声明

从利益相关者那里获得的风险容忍度和机会偏好，可以用风险和机会声明的形式表示。这些声明明确了可容忍和不可容忍风险之间的界限，以及重要和不重要机会之间的界限。

从利益相关者的角度来看，每个风险和机会平价声明都反映了相同的不适或收益水平。这样风险和机会之间的比较才有意义，因为：

（1）利益相关者感知到的风险等级（即他们的不适程度）对于每个平价声明都是相同的。

（2）利益相关者感知到的机会等级（即他们的收益水平）对于每个机会平价声明都是相同的。

（3）对于每对风险和机会平价声明，风险（不适）的数量和机会（收益）的数量是平衡的。

利益相关者可以通过多种形式来表达风险容忍度和机会偏好。例如，它们可能涉及满足特定目标的失败概率或成功概率，也可能涉及影响特定目标的关键性能参数的可实现值的变化。为了说明这一点，参考以下假设的风险和机会平价说明。

风险和机会平价声明示例

[风险容忍度说明示例 1]：如果未能在日期 Y 之前完成任务 X 的可能性，从其目标值 10% 增加到 20%，则认为风险情景达到了风险容忍边界。

[风险容忍度说明示例 2]：如果实现任务 X 的目标日期 Y 增加到 $Y+\Delta Y$，则认为风险情景达到了风险容忍边界。

[风险容忍度说明示例 3]：如果实现任务 X 的总成本增加 10%，则认为风险情景达到了风险容忍边界。

> [机会偏好说明示例1]：如果实现任务 X 的总成本降低 20%，则认为机会情景达到了机会偏好边界。
>
> [机会偏好说明示例2]：如果用于完成任务 X 的系统也能用于完成完全不同的任务 X'，则认为这个机会情景达到了机会偏见边界。

平价意味着这五种说法涉及相同的不适或收益。例如，利益相关者愿意接受任务失败概率翻倍或任务完成日期延迟 ΔY 年，以换取使用同一系统完成不同任务的灵活性。

总之，如果风险和机会的基准（如边界定义）在不适和收益方面是相称的，那么可以在不同的选择之间作出战略决策。

3.3.2 应对边界和监控边界

为了给利益相关者提供更高的灵活性，引入了两个风险容忍度和机会偏好边界，即亏损和收益的两个层级，以区分需要应对的风险和机会与只需要监控的风险和机会。这两个边界如图3.6所示，分别称为应对边界和监控边界：

（1）超出应对边界意味着迫切需要采取行动，如减少风险或利用机会。超出风险应对边界的风险是不可容忍的，而超过机会应对边界的机会是重要的。

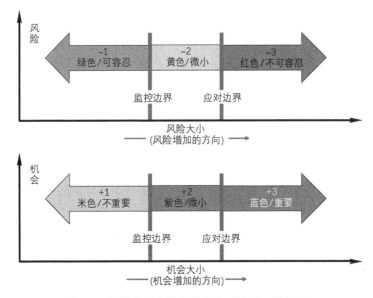

图 3.6 风险和机会的监控和应对边界（见彩插）

（2）超出监控边界但不超出应对边界，表明应该考虑但不是迫切需要采取行动。④超出监控边界但不超出应对边界的风险和机会称为微小，虽然微小的风险/机会低于需要反应的触发值，但应在正式审查时对其进行趋势分析和报告。

（3）未超过风险监控边界的风险是可容忍的，未超过机会监控边界的机会是可忽略的。

3.4　识别风险和机会情景及先行指标

一旦通过风险容忍度和机会偏好边界确定了利益相关者对风险和机会的立场看法，EROM 分析团队将继续为目标层级结构中的各实体制定一套风险、机会情景以及相关的先行指标。需要注意的是，某些风险、机会及其相关的先行指标可能同时出现在多个目标内。

在目标层级结构的底层，风险和机会情景以及先行指标，往往使用历史经验、专家判断和假设分析直接确定。在目标层级结构的较高层级，EROM 分析团队确定的场景和指标，也可以从较低级别通过汇总获得其他场景和指标作为补充。从这一过程可见，战略目标和目的的成功，不仅可能受到该级别输入情景和先行指标的影响，还可能受到在中期和短期目标级别输入并向上传播的情景和先行指标的影响。

下框中提供了直接在较高级别确定的机会场景，以及从较低级别汇总的风险场景的示例。

直接在较高级别确定的机会情景，以及从较低级别汇总的风险情景的示例（战略防御应用）

10 年期战略目标 a 的机会：动能拦截器领域的新技术有可能在 10 年内面世，从而有可能在未来 10 年内实现更高可靠性的拦截系统。

5 年期绩效目标 X 的风险：如果过去一年中，项目 X 中发生的里程碑延误没有得到纠正，则系统 X 可能在 5 年内无法投入使用。

5 年期绩效目标 Y 的风险：如果过去一年中，项目 Y 中发生的里程碑延误没有得到纠正，则系统 Y 可能在 5 年内无法投入使用。

10 年期战略目标 a 的汇总风险：如果系统 X 和 Y 在 5 年内未准备就绪，则可能无法在未来 10 年内实现足够可靠的动能拦截系统。

3.4.1 风险和机会分类

分类法是一种树状的结构分类，它从树根处单一的、包罗万象的分类开始，并在根下的节点处将这些分类划分为若干子分类。该过程在每个节点上迭代重复，从一般到特殊，直到达到所需的具体类别。

分类法可用于将风险和机会情景分为不同的类别：第一类，它们影响的目标和目的的类型；第二类，可能给每个目标或目的带来风险和机会的事件类型。风险和机会分类法具有以下作用：

（1）它们有助于识别可能会错过的风险和机会情景，例如，通过头脑风暴程序，并有助于识别和理解其中一些情景的交叉性质。

（2）它们有助于确定先行指标，这些指标可用于对威胁，或有利于目标或目的的假设事件发生的可能性（至少定性）进行排序。

（3）它们有助于确定计划备选方案和内部控制措施，以有效地降低风险或利用机会。

（4）它们有助于在 TRIO 企业的实体或组织单位之间正确分配资源，例如，降低风险或利用机会。

图 3.7 描述了适用于 TRIO 企业的三级风险和机会分类法。对于分类法底部的各个分类，它还提供了单个风险（R）或机会（O）情景摘要描述示例。除了从 TRIO 企业使命任务和业务开展方式获得风险和机会分类之外，TRIO 企业还负责实现其他实体直接授权的结果和里程碑，例如，通过总统签署的国会修正案。

如图 3.7 所示，每个底层子类别可以进一步分解为一个或多个适用于该类别的目标或目的。例如，与任务绩效相关的技术创新由不同个体的技术创新组成，每一个技术创新都代表企业的一个目标或目的。因此，图 3.7 中的分类法可以理解为具有与受影响的目标对应的隐含底层分类。

3.4.2 风险和机会情景说明

根据美国国家航空航天局（NASA）（2011），风险情景说明应该包含 3 或 4 个要素，如下所示：

（1）一个条件或一组条件，概括了当前引起担忧、怀疑、焦虑或不安的基于事实的关键情况或环境。

（2）描述基准计划可能发生变化的一个或一组偏离或违反事件。

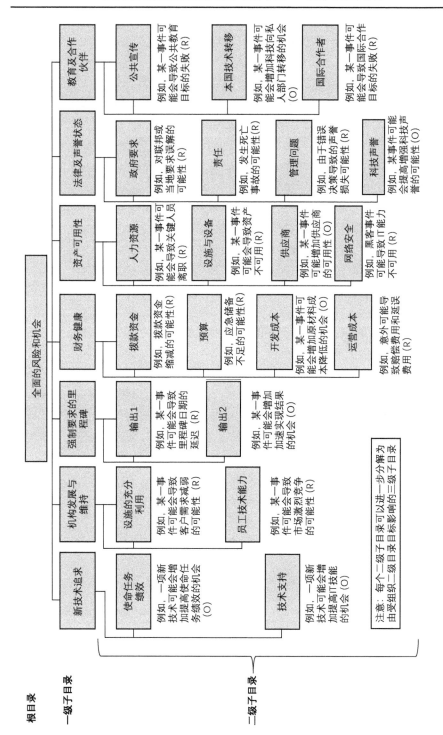

图 3.7 全面的风险和机会的分类示例

(3)（可选项）代表受风险情景影响的主要资源的组织实体或实体集。注意：受风险情景影响最大的资源，可能在企业级或组织中的较低级别。

(4) 描述对组织实现其预期绩效能力产生可预见、可信的负面影响的一个或一组后果。

（为了促进战略规划，除了上述4个要素之外，还需要下面的要素。）

(5) 被风险情景影响的组织目标层级结构中的目标。

下面框中的示例提供了符合这种格式的风险情景说明。

风险情景描述说明（战略防御应用）

(1) 类别：强制性绩效目标。

鉴于（条件）系统 X 的进度比之前系统的进度严格得多，动能拦截系统的（与计划相偏离）集成测试有可能延迟多达6个月，导致（实体）动能拦截项目（结果）无法在规定的进度和资金范围内达到部署能力，对（中期目标）动能拦截系统在 Y 年前投入运行造成不利影响。

(2) 类别：财务。

鉴于（条件）经济指标表明可能出现经济衰退，国会有可能削减（与计划相偏离）向动能拦截机构提供的资金，导致（实体）预算组织（结果）资金不足，从而对（战略目标）实现动能拦截能力产生不利影响。

(3) 类别：资产可用性/资产损失。

鉴于（条件）员工正在老龄化，明年（与计划相偏离）退休人数可能会超过预期，导致（实体）招聘和技术组织（结果）无法实现其员工目标，对（战略目标）维持合格员工数量产生不利影响。

(4) 类别：法律和声誉。

鉴于（条件）对道德准则培训的审计表明，培训内容和出席率存在缺陷，有可能（与计划相偏离）出现严重的道德违规行为，导致（实体）TRIO 企业（后果）失去公众信任，对（长期目标）TRIO 企业的长期生存能力产生不利影响。

机会情景说明应该包含类似的信息：

(1) 概括当前基于事实的关键情况或环境的、能促进机会可能性的条件或条件集。

(2) 一个或一组赋能事件或潜在进展，可能将可能性转变为现实。

(3)（可选项）代表受机会情景影响的主要资源的组织实体或实体集。

(4) 为实现机会而必须采取的行动。

(5) 描述对组织执行其任务能力产生可预见、可信的可能影响的收益或一组收益。

(6) 受机会情景影响的组织目标层级结构中的目标。

> 机会情景说明示例（空间探索应用）
> (1) 类别：新技术开发与应用。
> 鉴于（条件）电力推进领域的新技术显示出的前景，该技术有可能在 5 年内可供使用（赋能事件或潜在进展），因此，如果推进机构为任务 X 实施新技术（实体行动），它可能能够以减轻 50% 重量实现其推力要求（受益），从而有助于创新性技术的开发和实现，以及更遥远的太阳系探索（战略目标）。
> (2) 类别：教育和伙伴关系。
> 鉴于（条件）NASA 公共教育 STEM 项目的入学人数高于预期，未来两年（赋能或活动或潜在进展）入学人数有可能翻一番，因此如果（实体）公共教育组织（行动）相应地将 STEM 课程数量翻一番，它可能比预期更快地（受益）满足政府的 STEM 要求，从而有助于（战略目标）推进国家的 STEM 教育。

3.4.3 风险和机会情景描述

虽然风险或机会情景说明提供了对单个风险或机会的简明介绍，但此信息不一定足以获取识别人员必须传达的所有信息，也不一定能足够详细地描述问题，使风险和机会管理人员能够理解并有效应对，特别是在时间流逝之后。为了记录足够的背景信息，以便单个风险或机会能够独立存在，并被不熟悉该问题的人理解，应提供叙述性描述。叙述性描述应包括以下内容（NASA，2011）：

(1) 围绕风险或机会情景的关键环境。
(2) 促成因素。
(3) 不确定性。
(4) 可能促成的结果。
(5) 相关的问题，例如，什么，哪里，什么时候，怎样，为什么。

叙述性描述也是识别人提出或推荐其认为最合适的潜在风险和机会应对的地方。通常情况下，识别人是在受影响资产中最具专业知识的人，具备该专业知识非常重要，不仅涉及问题的性质，还涉及其如何应对。当建议风险或机会应对时，识别人员还应记录建议的理由，最好包括对可能导致的预期风险转移（如从安全风险到成本风险）的评估。

3.4.4 风险和机会先行指标

风险和机会先行指标，用于推断组织目标层级结构中的每个目标在特定的时间范围内实现的可能性。在组织规划过程中，它们用于根据备选目标预期的成功可能性帮助作出选择。在绩效评价过程中，它们用于评估相对于初始预期的情况，基于当前条件下成功的可能性。

正如COSO关于关键风险指标的文件（COSO，2010）所述，大多数组织都会监控大量关键绩效指标（KPI），这些指标可以洞察已经影响到组织的风险事件。另外，先行指标"有助于更好地监控未来风险或新出现的风险的潜在变化"，以便管理层能够更主动地识别对组织风险清单的潜在影响。

还应当指出的是，过去的业绩指标（即滞后指标）也可以作为未来的业绩指标。例如，过去错过的里程碑的出现可能预示着未来会错过的里程碑。因此，这组先行指标包括了过去的业绩以及与过去业绩无关的现状。

风险与机会先行指标应具有以下特点：

（1）量化：应该有一个或多个可量化的衡量标准来评估先行指标的状态。

（2）相关性：先行指标的值与组织目标层级结构中一个或多个目标的成功有着直接的关系。

（3）可操作性：如果先行指标的值反映了对风险的担忧或对机会的乐观，则应该有相应的降低风险或利用机会的方法。并非所有先行指标都必须是可操作的，因为有些指标是由组织无法控制的外部力量造成的。相反，对于每一个不关键的风险或机会，只需要有一些可控的先行指标来帮助控制风险或增加机会。

风险和机会先行指标可能具有不同程度的复杂性。例如，一个简单的指标可能是管理层跟踪的一个比例，用来推断不断变化的风险或机会状态。一个更详细的指标，可能涉及将几个单独的指标汇总成一个可能带来新风险或机会的新事件的多维分值。此外，先行指标可能来自内部（如错过的项目里程碑），或外部（如国民经济状况）。

先行指标也可以根据它们所涉及的风险或机会的类型进行分组。表3.1提供了一些例子，说明如何将各种先行指标纳入风险和机会分类。

表 3.1 典型风险与机会情景类型及相关先行指标

类　别	风险示例	机会示例	内部（INT）和外部（EXT）先行指标示例
新技术发展与应用	由于未知因素，导致任务绩效下降或机构能力下降，或成本增加	由于技术改进，提高任务绩效或机构能力，或降低成本	INT：内部最先进评估的启动和结果
			INT：技术准备水平（TRL）进展率
			INT：申请的专利数量
			EXT：与组织使命任务相关领域的技术趋势
强制要求的绩效目标	未能达到规定日期或目标里程碑日期	超出规定日期或目标里程碑日期	INT：与其他总项目/项目相比的时间进度*
			INT：错过的中间里程碑数量和延迟量*
			INT：未解决的行动项目和未纠正的问题*
			EXT：机构结果优先次序的变化
财务	资金削减	资金增加	EXT：经济指标
			EXT：国会组成
			EXT：国家优先事项的变化
	应急储备不足	应急预案充分	INT：与其他总项目/项目相关的紧急事件*
			INT：与其他总项目/项目相比的支出率*
			INT：未解决的角色和责任分配问题
	材料/采购服务成本增加	材料/购买服务成本降低	EXT：价格趋势
			EXT：外国冲突或政治变革的威胁（例如影响稀有材料成本）
			EXT：供应商财务问题
	业务费用增加	运营成本减少	INT：每月成本报告*
			INT：自我评估和审计得分偏低*
	里程碑延迟成本	里程碑加速，节省成本	INT：挣值报告*
			EXT：美国政府停摆
	事故成本		INT：前兆/异常/事故报告*
资产可用性/资产损失	关键人员流失	关键人员增加	INT：员工年龄
			INT：工作场所的士气（例如调查结果）
			EXT：竞争性劳动力市场的变化
			EXT：人口变化
	设施或设备丢失或无法使用	设施或设备可用性增加	INT：计划外维护操作的数量*
			INT：设备的使用年限
			EXT：恐怖主义趋势
			EXT：OSHA 条例的变化

续表

类 别	风险示例	机会示例	内部（INT）和外部（EXT）先行指标示例
资产可用性/资产损失	供应商缺失或无法使用	供应商可用性增加	EXT：市场因素（需求与供给）
			EXT：供应商财务或法律问题
	IT能力的丧失或不可用	IT资产可用性增加	INT：未解决的漏洞数量
			EXT：黑客趋势
			EXT：新病毒
法律及声誉	不符合联邦或地方要求	超过联邦或地方要求	INT：道德项目的质量
			INT：记录保存的质量（例如OSHA的要求）*
			EXT：新规定
	因意外事故而增加的财务负债	因意外事故而减少的财务负债	INT：增加使用危险或有毒材料*
			INT：事故前兆*
			EXT：法院关于赔偿责任判决的趋势
	管理失败造成的名誉损失	管理层成功，声誉得到维护	INT：独立审查的结果
			INT：国内不同意见的寻求和解决*
	科学声誉的下降	科学声誉的提升	INT：发表的技术论文数量
			INT：获批专利数目
			EXT：科技论文引用次数
			EXT：获提名或奖项数目
教育和伙伴关系	未能达到公共教育目标	超越公共教育目标	INT：错过或取得里程碑
			INT：教育项目的入学率低或高
	未能达到技术转让的目标	超越技术转让目标	INT：错过或取得里程碑
			INT：技术转让协议数量
			EXT：潜在商业伙伴的兴趣或进展不足或过剩
			EXT：关于分享敏感信息和材料的趋势
	未能实现国际伙伴关系的目标	超越国际伙伴关系目标	INT：错过或达到本组织负责的里程碑*
			EXT：潜在的国际伙伴缺乏兴趣或过多的兴趣或进展
			EXT：关于敏感信息的新规定
			EXT：来自外国的竞争

注：标有星号（*）的先行指标，在总项目/项目层面或中心层面进行衡量，汇总后得出适用于整个机构的先行指标。

3.4.5 未知和低估（UU）风险的先行指标

如 1.2.7 节所述，导致 UU 风险的因素可被视为先行指标，它们也应该被纳入目标层级结构中从低到高的风险和机会汇总中。以下设计方面、组织方面、总项目方面的因素是 UU 风险的主要先行指标（NASA，2015；Benjamin et al.，2015）：

（1）复杂程度，特别是涉及系统不同组件之间的接口。复杂的、紧密耦合的技术系统更容易发生 UU 故障，使得运维人员无法理解导致灾难的事件链。

（2）超出知识范围的量级。UU 风险可能发生在没有提供充分的验证情况下，逐步放大设计以实现更高性能，或者逐步缩小设计以节省成本或时间。

（3）新技术或现有技术的全新应用。使用新技术代替传统技术时，若当此列表中的其他因素处理不当，可能会导致 UU 风险增加。

（4）组织优先考虑安全性和可靠性的程度。当高层管理者不致力于将安全作为组织目标时，当合格人员的可用性没有或几乎没有余量时，当组织学习没有得到充分重视时，UU 风险发生得更频繁。

（5）管理风格的层次化程度。信息的双向流动在技术系统中至关重要，以最大限度地实现所有人员之间的信息共享，而不论其在组织层级中的地位如何。

（6）责任分配给不同实体时的监督程度。不同供应商提供的系统不同部件之间的接口，需要管理机构的严格监督。

（7）满足进度和预算约束的压力大小。特别是，超出舒适度的时间压力是高人为失误率的根本原因。

（8）影响 TRIO 企业方向的重大或改变游戏规则的外部事件的可能性，如联邦政府的变化或地缘政治动荡。这些事件影响长期战略规划的稳定性以及外部施加的限制和要求。

NASA 和 Benjamin 等人，在 2015 年提供了有用的指引。该指引用于确定相对于已知风险的大小而言，上述先行指标的各种组合如何影响 UU 风险的大小。表 3.2（稍作修改以简化数据的表示）给出了当系统最初投入运行时，从 UU 风险估算系统故障概率与从已知风险估算系统故障概率之比的指南摘要（Benjamin et al.，2015）。这些估算并不精确，仅具有示意性，因为一般清单中未包含的其他因素对于特定应用可能很重要。在 EROM 的背景下，表 3.2 提供了 UU 风险领先指标的各种综合指标，这些指标需要关注并可能需要作出应对。

表 3.2 已发布指南，用于粗略估计系统初始运行时 UU 风险的系统故障概率与已知风险的系统故障概率之比（Benjamin et al.，2015）

比值	适用条件	来源
0	系统至少经过 125 个相同或相似系统的实际运行周期的成功验证，结果表明风险已稳定到成熟的系统值	航天飞机、"阿特拉斯"号、"德尔塔"号、Molniya（"闪电"号）/Soyuz（"联盟"号）经过 125 次飞行后的结果
~1	在有时间保证的条件下开发和运行的新系统，可靠性和安全性目标优先于成本和进度，具有包容性的管理结构，设计理念不涉及重大的新技术，不涉及现有技术的新集成，也不涉及超出知识领域或紧密功能耦合的现有技术的扩展	"德尔塔"号前 75 次航班的结果
~2	在有适度时间压力下开发或运行的新系统，其成本和进度至少与可靠性和安全性具有同等的优先级，并且管理结构有分层的趋势，但如果设计理念确实涉及重大的新技术或现有技术的新集成，或将现有技术扩展到知识领域或紧密的功能耦合之外	"阿特拉斯"号前 75 次飞行的结果*
~3	在巨大的时间压力下开发或运行的新系统，其设计理念包括新技术或现有技术的新集成，或将现有技术扩展到知识领域或紧密耦合之外，但可靠性和安全性比成本和进度更重要，而且有一个包容性的管理结构	如果"哥伦比亚"号航天飞机返回飞行后的改进已经到位，航天飞机前 75 次飞行的回顾性结果*
~4	在巨大的时间压力下开发或运行的新系统，成本和/或进度至少与可靠性和安全性同等重要，管理结构有分层的趋势，设计理念包括新技术或现有技术的新集成，或将现有技术扩展到知识领域或紧密耦合之外	航天飞机最初 75 次飞行的结果。核反应堆经验和人的可靠性经验*
到 9	在极端时间压力下开发或运行的新系统，成本和/或进度比可靠性和安全性具有更高的优先级，具有高度层次化的管理结构，涉及新技术或现有技术的新集成，或现有技术的扩展，远远超出了知识领域	Molniya/Soyuz 前 75 次飞行的结果。Guarro 中也建议了这种数量级和更大的因素（2014）

注："*"所标注 1~4 的比例，与商业和军事系统 MIL-HDBK-189A 表 I 中引用的历史可靠性增长估计是一致的。

3.5 确定先行指标触发值并评价累积风险和机会

先行指标触发值，用于在风险达到风险容忍边界或机会达到机会偏好边界时发出信号。达到风险先行指标的触发值，意味着无法满足组织目标层级结构中的目标的可能性，正在逐步成为问题。达到机会先行指标的触发值，意味着可能显著增加实现目标的可能性，或者有新的机会来实现以前被认为无法实现或不可想象的新目标。

在组织目标层级结构中，为每个目标的每个风险和机会情景确定先行指标触发值。一旦确定，就可以比较先行指标的实际值和它们的触发值，为层级结构中的每个目标提供总体风险和机会的度量。

3.5.1　先行指标触发值

与风险容忍度和机会偏好由两个边界（应对边界和监控边界）表述的方式类似，定义风险和机会先行指标的两个触发值（应对触发和监控触发）非常有用。EROM分析团队从相关技术主管部门和领域专家处获取先行指标触发值。

先行指标触发值可能与风险或机会正相关或负相关。例如，剩余成本准备金定义为与迄今为止的支出方向相反的方向。随着成本支出的增加，超支风险增加（正相关），但随着剩余成本准备金的增加，超支风险降低（负相关）。图3.8所示的正相关和负相关的镜像效应捕捉到了这种相反的二元性。

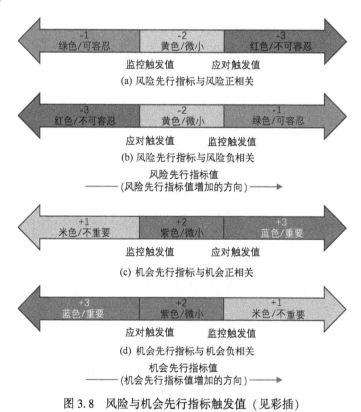

图 3.8　风险与机会先行指标触发值（见彩插）

先行指标触发值，旨在定量替代通常定性的风险容忍度和机会偏好边界。它们作为替代指标的准确性取决于技术权威、主题专家和 EROM 分析团队在定义先行指标和指定其触发值方面的技能。

3.5.2 累积风险和机会

组织目标层级结构中每个目标的累积风险和累积机会，来自相关先行指标相对于其触发值的当前状态，其中当前状态指的是当前值和当前趋势。在这方面，"累积"一词是指适用于被评价目标的各种先行指标的累积。

前面介绍的图 3.5，从概念上说明了确定组织目标层级中一组目标的累积风险和机会的一般程序。[5]

3.6 识别和评价风险缓解、机会利用和内部控制选项

如果累积风险是不可容忍的和/或累积机会很重要，则可能需要考虑减缓风险和/或利用机会的方法，以及相关的内部控制设置。在这个章节将会讨论识别和评价此类选项的过程。

3.6.1 推断风险和机会驱动因素

风险驱动因素，被定义为"在绩效风险累积模型中对绩效风险贡献最大的因素。由于其不确定性的特征……当在其不确定性范围内变化时，（它们）导致绩效风险从可容忍变为不可容忍（或微小）"（NASA，2011）。

在 EROM 的背景下，风险驱动因素可以被认为是导致不能实现组织顶层目标的整体累积风险的重要风险来源。风险驱动因素可以是风险情景说明中的偏离事件、偏离事件的根原因、先行指标、用于评价单个风险重要性的特定假设、用于评价累积风险时的假设、重要的内部控制，或导致累积风险从可容忍（绿色）变为微小（黄色）或不可容忍（红色），或从微小（黄色）变为不可容忍（红色）的上述因素的任何组合。例如，风险分析中以下要素是潜在的风险驱动因素：

（1）国会明年可能会削减一项重要的大型项目的资金（一个偏离事件）。

（2）人为错误可能导致任务期间发生灾难性事故（发生灾难性事故的根本原因）。

（3）关键项目中关键任务的进度储备低得令人不安，并且呈下降趋势（未按时完成关键任务风险的先行指标）。

（4）如果需要，人员可以从任务 A 转移到任务 B（用于评价不能按时完

成任务 B 风险的重要性的假设）。

（5）评价组织战略绩效所需的所有相关信息都以公正的方式传送给技术当局（用来证明组织正在实现其战略目标的假设）。

（6）有一个程序和文件跟踪，以确保所有重大风险和机会被提交给有管理权力的负责人，并对其采取行动（内部控制）。

如果单个因素不足以改变累积风险的颜色，它们的组合可能构成风险驱动因素。

风险驱动因素将风险管理的注意力集中在那些潜在的可控的情景上，这些情景可以为降低风险提供最大的机会。通常，风险驱动因素影响不止一个风险，并跨越多个组织单元。

类似地，机会驱动因素通常是机会情景陈述中的偏离事件或机会先行指标。例如，机会分析中的以下要素是潜在的机会驱动因素：

（1）国会明年可能会增加对一项重要的大型项目的资助（偏离事件）。

（2）关键项目中关键任务的进度储备高于预期，并呈上升趋势（通过重新分配人员，以提前完成项目来降低项目成本的先行指标）。

通过应用风险和机会汇总程序（图 3.5），可以识别风险和机会驱动因素，以确定随着各种风险和机会来源的消除，组织顶层目标的累积风险和机会的颜色是否发生变化。例如，与图 3.5 相比，图 3.9 示意性地显示了去除风险驱动因素 1，如何通过目标层级结构向上传播，以改变顶层目标的累积风险的排序，从微小到可容忍，以及移除机会驱动因素 1，如何改变顶层目标的累积机会的排序，从重要到微小。

3.6.2　推断风险和机会情景驱动因素

TRIO 组织通常需要识别其顶层风险情景，报告其发生的可能性及其影响的严重性，并解释如何应对。如 2.5 节所述，美国行政管理和预算局（OMB）通告 A-11 和 A-123 规定了对政府机构在这方面的要求。

风险和机会情景驱动因素，是风险和机会驱动因素的高阶表示。构成风险和机会驱动因素的要素，即关键偏离事件、根本原因、假设、现有控制等，嵌入在风险和机会情景中，要么作为构成风险或机会情景说明的条件、偏离事件和后果的一部分，要么作为伴随情景描述的一部分。因此，正如在 3.6.1 节中将风险或机会驱动因素定义为导致顶层目标风险或机会改变颜色的一个或一组因素，风险或机会情景驱动因素可以定义为导致相同结果的一个或一组情景。

第 3 章 EROM 程序和分析方法概述

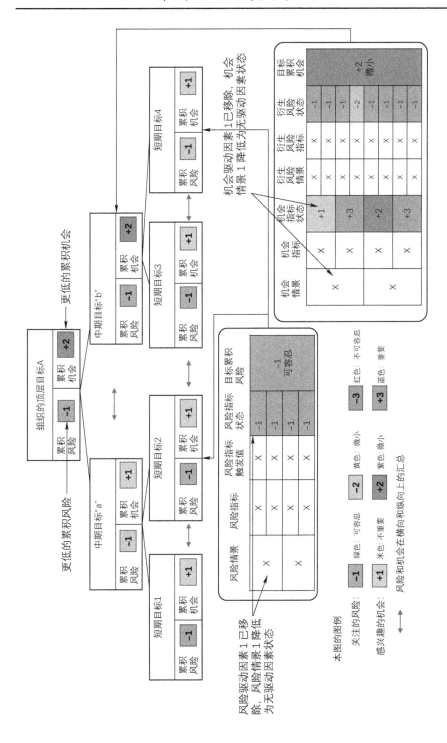

图 3.9 假设结果显示风险驱动因素的移除如何影响累积风险，机会驱动因素的移除如何影响累积机会（见彩插）

正如风险或机会驱动因素可以通过应用风险或机会累积过程来识别,同时有选择地消除一个或多个风险或机会来源,直到顶层目标的颜色发生变化。通过选择性地消除一个或多个风险或机会情景,可以以同样的方式识别风险或机会情景驱动因素。图3.9显示了风险和机会驱动因素如何与风险和机会情景驱动因素相互作用。

3.6.3 评价风险和机会情景的可能性和影响

如2.5.3节和2.5.4节所述以及表2.3所列,OMB通告A-123规定,政府机构编制的风险清单应包括对每种风险情景的可能性和影响的评估。

OMB通告中,关于评估可能性为高、中或低的指南,是基于风险情景是否有合理的预期发生,比不可能更有可能发生,或不太可能发生。对于许多风险,例如那些与欺诈相关的风险,导致效率低下的不当操作风险,或者对任务不太关键的成本超支或进度延误风险,用这些分类来定义可能性是有意义的。但对创新型TRIO企业来说,他们面临的一些风险(和机会)对任务成功更关键,甚至可能对生命安全更关键,因此需要对风险的可能性进行更严格的定义。从风险容忍度和机会偏好的角度,来定义这类企业的可能性更为有用。风险或机会的可能性应取决于目标,如果风险或机会的可能性相当于或大于决策者对该目标的风险容忍度,则应认为是高的。例如,如果决策者愿意容忍 10^{-2}(百分之一)的可能性为失去某个关键任务,一个导致关键任务未能执行的风险情景的可能性如果相当于或大于 10^{-2},则可能性被认为是高的;反之,如果可能性明显小于 10^{-2},则可能性被认为是低的。

风险容忍度和机会偏好可以通过决策者的监控和应对边界来衡量。如3.3.2节所述,超过应对边界,例如 10^{-2} 代表关键任务的失败可能性,则表明迫切需要采取行动;而超过监控边界,例如,10^{-3} 表示失败的可能性,但未超过应对边界的情况下,表示应考虑采取行动,但并非迫切需要。监控边界明确了风险的"可容忍"与"微小"之间的界限,以及机会"不重要"与"微小"之间的界限。

表3.3提供了一个示例,说明如何为创新型TRIO企业所承担的关键目标定义风险和机会情景可能性。这个示例分为三个等级。如需要细化,可以在表中的其他等级中添加"非常高"和"非常低"的等级,并根据监控和应对边界上方或下方的距离定义相关标准,将等级数量从三个扩展到五个。

表 3.3　与组织的关键目标相关的风险或机会的可能性等级示例

等　级	标　准
高	偏离事件发生的可能性，超过了决策者的风险/机会应对边界
中	偏离事件发生的可能性，介于决策者的风险/机会监控边界和应对边界之间
低	偏离事件发生的可能性，低于决策者的风险/机会监控边界

除了可能性之外，OMB 通告中，关于影响评估为高、中或低的指南，是基于实体在风险情景发生时实现其一或多个目标的能力受损程度。从OMB 指南以及本书的一般原则可以清楚地看出，如果不考虑风险或机会情景对目标累积风险和累积机会的影响，就无法确定风险或机会情景对 TRIO 企业的影响程度。对目标的累积影响在风险和机会累积程序中确定，并反映在 3.6.1 节所述的风险和机会驱动因素当中，以及如 3.6.2 节所述的情景驱动因素中。

通过确定情景是否出现在任何顶层目标的情景驱动因素中，并检查该目标的累积风险/机会的颜色来逐个评估情景的影响，是最简单、可能也是最合理的。如果给定目标的任何风险情景驱动因素包含特定的单个风险情景，且累积风险为红色（不可容忍），则可以认为该风险情景具有较高的影响。如果累积风险为黄色（微小），则可以认为该风险情景具有中等影响。类似地，如果给定目标的任何机会情景驱动因素包含特定的单个机会情景，且累积机会为蓝色（重要），则可以认为该机会情景具有高影响，如果累积机会为紫色（微小），则可以认为该机会情景具有中等影响。

表 3.4 展示了确定风险和机会情景影响的过程。同样，如果需要细分，可在表中其他等级上添加"非常高"和"非常低"，并以类似方式定义它们的标准，将等级数量从三个扩展到五个。

表 3.4　与组织的关键目标相关的风险或机会的影响程度等级示例

等　级	标　准
高	情景是一种情景驱动因素，目标的累积风险/机会是红色/蓝色（不可容忍/重要）
中	情景是一种情景驱动因素，目标的累积风险/机会是黄色/紫色（微小）
低	情景不是一种情景驱动因素

3.6.4 识别风险应对、机会行动和内部控制选项

当需要减少累积风险或希望利用累积机会实现一个或多个顶层目标时，需要考虑以下几种选项：

(1) 缓解累积风险的应对措施。
(2) 抓住累积的机会的行动。
(3) 建立内部控制措施，提供有效的管理监督和保护运营相关的假设。

可以采取多种方式制定风险应对和抓住机会的行动，包括正在开发的系统设计的变化，对现有系统的改造，制造程序的变化，操作程序的变化，管理上的变化，伙伴关系的形成，主动采取行动通知和影响政府机构，改善公共关系，成本分摊安排等。这些不同的方式有一个共同点，那就是它们都是基于特定假设，而它们的有效性取决于这些假设的准确性。例如，对系统设计的更改，是基于对系统将面临的环境的假设，以及这些环境是否将保持在设计规范中规定的参数范围内。因此，内部控制的主要作用之一，是保护这些假设的准确性。

Leveson（2015）强调使用内部控制来保护安全绩效领域内的操作假设。Leveson 感兴趣的假设类型包括以下几种：

(1) 关于系统危害和危害路径（原因）的假设。
(2) 关于控制有效性的假设，即用于减少或管理危险的形成和对冲行动。
(3) 关于系统将如何运行及其运行环境的假设，例如，假设控制器将按照设计者的假设运行。
(4) 关于开发环境和程序的假设。
(5) 运行过程中，对组织和社会控制结构的假设，设计足以确保系统要求得到执行，系统控制者按设计去执行职责和运行。
(6) 风险评估中关于脆弱性或严重性的假设可能随时间而改变，因此需要重新设计风险管理和先行指标系统本身。

这些类型的假设稍加修改，不仅适用于 Leveson 所考虑的安全领域，而且适用于组织各层面的企业、项目委员会、技术中心或局等的几乎所有其他风险领域，如技术、成本、进度、机构、采办、财务可行性、负债等。在企业背景下，内部控制应确保：

(1) 要么这些假设在所有组织级别的所有风险和机会领域中，随着时间的推移仍然有效。
(2) 或者，如果条件发生变化，操作假设也会相应地改变，新的假设也会受到监控和控制。

确定缓解风险的对策、机会利用行动和内部控制旨在找到可行的方法，对上一小节讨论的风险和机会驱动因素、情景驱动因素采取行动。其目的是在累积风险和机会需要此类影响时，降低风险或把握机会。然而，因为并非所有驱动因素都是可采取行动的，所以机构或企业影响风险和机会驱动因素的能力存在明显限制。当驱动因素不能操作时，备选方案是识别其他可采取行动对累积风险或机会产生影响的风险和机会驱动因素。例如，政府机构无权影响选民选择谁当选联邦政府官员，但有权跟踪公众情绪并为可能出现的情况制定计划。[6]

3.6.5 评价风险应对、机会行动和内部控制选项

风险应对、机会行动和内部控制的选择，可以通过评估组织顶层目标的累积风险和机会，如何由于将应对、行动和控制纳入组织结构及其运营而发生变化来进行评价。进行这种评估的过程，不仅需要考虑这些选择可能对系统或操作的某些部分产生的积极影响，而且还需要考虑可能对系统或操作的其他部分产生的非预期的消极影响。

执行此评价的过程遵循3.4节和3.5节中制定的框架。风险和机会情景将会被重建，以便应用到应对、行动和内部控制选项当中。在机会行动的情况下，需要考虑由拟议行动和相关内部控制带来的新风险情景。修改现有先行指标并增加新指标，以反映重新制定的风险和机会情景的内容。先行指标触发值的制定与修改后的先行指标保持一致。最后，基于新风险和机会信息的汇总来重新评价累积风险和机会。

图3.10展示了一个流程图，描述了风险应对、机会行动和内部控制计划的迭代过程。如果对各种目标的累积风险和机会的评估表明，一个或多个风险是不可容忍的或微小的，和/或一个或多个机会是重要的或微小的，则需初步提出该计划。计划的迭代持续进行，直到累积风险、累积机会和实施计划的成本之间达到最佳或接近最佳的平衡。符合下面的条件时，认为达到了最优的平衡：

（1）顶层目标的累积风险和机会是平衡的，在每次迭代中使用风险和机会驱动因素来指导计划编制的条件。

（2）累积风险，不能在不违反组织成本限制的情况下进一步降低。

（3）在不违反成本限制的情况下，无法进一步利用累积机会。

（4）如果不消极地改变一个或多个累积风险的状态，就无法进一步降低实施计划的成本。

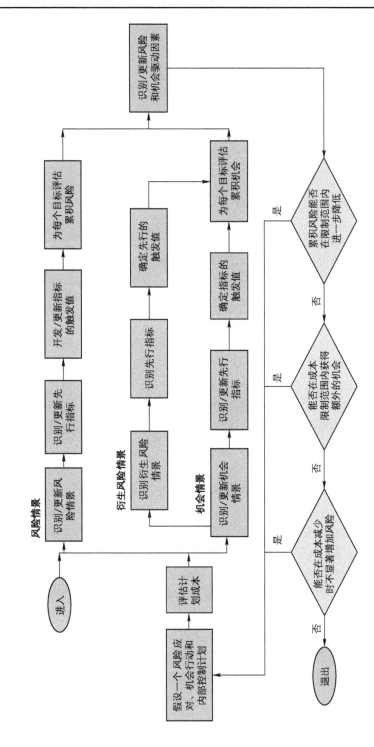

图 3.10 识别和评价风险应对、机会行动和内部控制计划，平衡累积风险，累积机会和成本的迭代程序

3.6.6 该方法与 COSO 内部控制框架和 GAO 绿皮书的简要对比

前两个小节提出了内部控制，应该主要源自组织的战略目标以及对影响组织实现这些目标能力的风险和机会驱动因素的考虑。驱动因素是由最显著影响累积风险和机会的因素决定的，而不仅仅是单个风险和机会。内部控制措施的识别和评价主要侧重于保护需要维持的假设，以便在决策者的风险容忍度和机会偏好范围内有效地控制累积风险和机会。

这一观点，在哲学上与 COSO 内部控制框架（COSO，2013）所采取的方法有所不同，后者将内部控制作为 ERM 的一部分，但 ERM 不一定是内部控制的一部分。下面引用 COSO（2013）附录 G 中的语句来解释 COSO 的观点：

（1）"这个内部控制–整合框架，规定了三类目标：运营、报告和合规……全面风险管理–整合框架增加了第四类目标，即战略目标，其层级高于其他目标……全面风险管理应用于制定战略，以及努力实现其他三类目标。"

（2）"全面风险管理框架引入了风险偏好和风险容忍度的概念……风险容忍度的概念，作为内部控制的前提条件包含在全面风险管理框架中，而不是作为内部控制的一部分。"

（3）"内部控制–整合框架中，没有考虑的一个概念是风险组合。全面风险管理要求，除了在考虑影响实体目标的单个风险外，还需要从组合的角度考虑整合风险。内部控制并不要求企业持有这样的观点。"

（4）"内部控制–整合框架，侧重于识别风险，不包括识别机会，因为寻求机会的决定是更广泛的战略制定过程的一部分。"

（5）"虽然这两个框架都要求风险评估，但全面风险管理–整合框架建议以更清晰的视角看待风险评估。风险是在固有和剩余基础上考虑的，最好在与风险相关的目标建立的同一度量单位中处理。时间范围应与实体的战略和目标一致，并在可能的情况下与可监控数据一致。全面风险管理–整合框架还呼吁关注相互关联的风险，描述单个事件如何可能产生多个风险。"

（6）"内部控制–整合框架，提供了对技术及其对管理实体影响的最新观点。"

（7）"全面风险管理–整合框架，从更广泛的视角看待信息和沟通，突出来自过去、现在和潜在未来事件的数据……与实体识别事件、评估和应对风险，并保持在其风险偏好范围内的需求一致。内部控制–整合框架，更侧重于内部控制所需的数据质量和相关信息。"

重点是，COSO ERM 框架考虑了所有类型的风险，包括战略风险，但 COSO 内部控制框架只关注日常运营、报告和合规风险。COSO 对内部控制的看法与它对以财务为主要目标的企业的重视是一致的。在COSO框架中，内部控制被视为ERM的一种输入，而不是其输出。在本书中，EROM和内部控制被以整合的方式考虑，因此，在识别和评价内部控制措施时，必须从本质上考虑战略风险。

同时，COSO框架允许实体自行决定以完全整合的方式处理全面风险管理（ERM）和内部控制："虽然它（ERM）并不打算也不会取代内部控制框架，而是将内部控制框架纳入其中，公司可能会决定采用这种全面风险管理框架来满足其内部控制需求，并迈向更全面的风险管理程序"（COSO，2004）。

美国政府问责局（GAO）绿皮书（GAO，2014a），以及美国行政管理和预算局（OMB）更新版A-123通告，对内部控制和ERM的整合持中间观点。以下引自绿皮书的声明解释了GAO提出的立场：

（1）（OV2.10）："实体的目标、内部控制的五要素和实体的组织结构之间存在直接关系。目标是实体想要实现的。内部控制的五要素是实体实现目标所需的内容。"

（2）（OV2.16）："管理层在监督机构的监督下制定目标，以满足实体的使命、战略规划以及适用法律法规的目标和要求。"

（3）（OV2.18）："管理层将目标分为以下三个目标当中的一个或多个：
① 运营目标——运营的效率和效果；
② 报告目标——内外部报告的真实可靠；
③ 合规目标——遵守适用的法律法规。"

（4）（OV2.19）："运营目标与实现实体任务的项目运营相关。一个实体的任务可以在战略规划中确定。这些规划设定了实体的目标和目的，以及实现这些目标所需的有效率和有效果的运营。有效果的运营会从运营过程中产生预期的结果，而有效率的运营会以最小化资源浪费的方式进行。"

绿皮书和COSO框架之间的一个显著区别是，绿皮书将运营目标定义为包括战略目标，而COSO框架则没有。因此，全面风险管理和内部控制更充分地融入了绿皮书的理念中。然而，绿皮书仍然倾向于强调，日常运营的控制以及欺诈和财务透明度等问题，是内部控制的最关键目标。

OMB通告A-123（OMB，2016b）的立场是，制定与ERM整合的内部控制框架的机构，最初至少应专注于COSO（2013）规定的日常运营、报告和合规目标，但应在合理的时间内，作为其成熟度模型开发的一部分，扩展框架以整合内部控制与战略目标。

注 释

① 如表2.1所列,技术中心还充当技术权威的附加角色,但该角色不涉及相关的目标分解,因此不包括在后面的讨论中。

② 在第4章中将演示如何使用模板来说明在风险和机会汇总到战略层面时各管理单位间的交互作用。

③ 衍生风险的属性将在4.4节和4.5节中进行更全面的探讨。

④ 在这种情况下,使用"监控"这个词是经过深思熟虑的。在实践中,可容忍的风险可能被接受,但要继续监控以确保它们仍然是可以被接受的。

⑤ 在4.6.2节和4.6.3节中,将结合特定示例对汇总过程进行更详细的说明。

⑥ 有意义的应对、行动和内部控制措施的相关识别,将在4.7.3节中进一步讨论。

参 考 文 献

Benjamin, A., Dezfuli, H., and Everett, C. 2015. "Developing Probabilistic Safety Performance Margins for Unknown and Underappreciated Risks." Journal of Reliability Engineering and System Safety. Available online from ScienceDirect.

Committee of Sponsoring Organizations of the Treadway Commission (COSO). 2004. Enterprise Risk Management—Integrated Framework: Application Techniques.

Committee of Sponsoring Organizations of the Treadway Commission (COSO), 2010. Developing Key Risk Indicators to Strengthen Enterprise Risk Man-agement. http://www.coso.org/documents/COSOKRIPaperFull-FINALforWeb PostingDec110_000.pdf.

Committee of Sponsoring Organizations of the Treadway Commission (COSO). 2013. Internal Control—Integrated Framework (Framework and Appendices).

Guarro, S. June 2014. "Quantitative Launch and Space Transport Vehicle Reliability and Safety Requirements: Useful or Problematic?" Proc. PSAM-12 Int. Confer-ence on Probabilistic Safety Assessment and Management, Honolulu, HI.

GAO-14-704G. 2014a. The Green Book, Standards for Internal Control in the Federal Government. Washington, DC: Government Accountability Accounting Office. (September).

Leveson, N. April 2015. "A Systems Approach to Risk Management through Leading Safety Indicators." Journal of Reliability Engineering and System Safety 136: 17-34.

National Aeronautics and Space Administration (NASA). 2011. NASA/SP-2011-3422. NASA Risk Management Handbook. Washington, DC: National Aero-nauticsand Space Administration. http://

www. hq. nasa. gov/offce/codeq/doctree/NHBK_2011_3422. pdf.

National Aeronautics and Space Administration (NASA). 2015. NASA/SP-2014-612. NASA System Safety Handbook, Volume 2: System Safety Concepts, Guide-lines, and Implementation Examples. Washington, DC: National Aeronautics and Space Administration. http://www. hq. nasa. gov/offce/codeq/doctree/NASASP2014612. pdf.

Office of Management and Budget (OMB). 2016b. OMB Circular A-123. "Manage-ment's Responsibility for Enterprise Risk Management and Internal Control." (July) https://www. whitehouse. gov/sites/default/fles/omb/memoranda/2016/m-16-17. pdf.

第 4 章 为绩效评价和战略规划开发和使用 EROM 模板

4.1 概　　述

如前所述（如1.1.4节），ERM/EROM 的相关文献和资料中，包含了大量的关于组织和基本应用框架方面的指南。但是，对于如何进行必要的分析以获得收益，提供的细节很少。本章试图通过描述和演示如何使用模板，进行 EROM 分析来消除这一差距。在4.1节至4.8节中，将通过一个示例来介绍模板，该示例考察了 EROM 在评价持续的总项目、项目、活动和方案的组织绩效方面的作用，以及在识别和评价降低风险和/或抓住机会的行动和控制措施方面的作用。在4.9节中，将对示例进行修改，以说明如何应用具有不同输入的相同模板，来检查 EROM 在组织规划中的作用，其中组织关注于检查各种处于概念阶段的备选总项目、项目等实现顶层目标的可能性。

模板是实现第2章和第3章中所讨论的 EROM 框架的一种实用、高效且具有广泛基础的方法。为了说明如何有效地应用模板，将使用一个与 NASA 相关的真实示例。该示例将从不同的角度来处理 EROM：首先，从组织中每个管理层级，即管理层、总项目层和机构/技术层的角度来考虑 EROM 的实施，然后从组织整体的角度考虑，即跨主要管理单位的整合。

为本章演示所开发的模板，主要适用于进行风险性技术或科学风险投资的 TRIO 企业，其利益主要在于为其利益相关者[①]实现技术收益和知识进步，而非财务收益。以下是本章演示使用的模板将生成的结果类型：

高层级的成果，适合作为提供给管理层的概要。

（1）整个组织要实现的目标层级结构列表，以及它们与组织的各个管理层级（如管理层、总项目层、技术机构）的接口。

（2）每个目标无法实现的经证实的风险等级排序或评级。

（3）为提高每个目标的实现能力而提供的经证实的机会水平排序。

（4）每个目标的风险和机会驱动因素列表，并提出应对措施的建议，例如缓解措施和内部控制。

低层级的成果，适用于解释高层级结果背后的细节。

（1）识别每个目标之间的复杂关联，以及每个目标的成功可能性，如何影响其他目标成功可能性的基本依据。

（2）每个目标的重要风险和机会情景的列表，以及将这些情景视为重要的依据。

（3）关键风险和机会指标清单，以及这些指标如何与每个目标的成功可能性相关联的基本依据。

（4）每个指标的触发值的详细说明，以及为什么这些特定值需要提高警惕或直接应对的依据。

（5）从目标层级结构的底层（近期目标）到顶层（长期或战略目标）的重要风险和机会的汇总，以及汇总期间所做选择的依据。

（6）敏感性分析结果，展示了每个目标对应的累积风险和机会是如何受到风险和机会情景组合及其组成部分的影响。

（7）风险和机会驱动因素图，显示启动应对的时间紧迫性。

（8）风险和机会情景的可能性和影响评估。

4.2 演示示例：2014 年 NASA 下一代太空望远镜

示例应用涉及下一代空间望远镜的开发、部署和运维。该演示与 NASA 的詹姆斯·韦伯太空望远镜（JWST）项目密切相关，但演示的总体目的是将读者的注意力集中在模板的结构和形式上，以及如何使用它们来促进一般意义上的战略规划和绩效评价。为了增加真实性并促进对必须处理的各种风险和机会的认识，在整个示例中使用了与詹姆斯·韦伯太空望远镜（JWST）和哈勃太空望远镜（HST）相关的数据。JWST 项目的数据反映了其截至 2014 年底的状态。

及时完成 JWST 的开发和发射是该机构优先级目标（APG）："到 2018 年 10 月，NASA 将发射首屈一指的天基天文台 JWST。为了实现这一发射日期，NASA 将在 2015 年 9 月 30 日之前完成 JWST 的主镜背板和背板支撑结构，并将它们交付给戈达德太空飞行中心，以便与镜段部分集成"（NASA，2014c，p. 24）。主要信息来源于美国政府问责局于 2014 年 12 月向国会委员会发布的关于 JWST 项目的 GAO-15-100 报告（GAO，2014b）。除其他事项外，该报告阐述了技术挑战对 JWST 项目按进度和预算完成的影响程度，以及预算和成本估算所反映的项目风险信息。提及该事件，不是为了批评项目或其管理，而是使用已发布的信息为本演示中的风险和机会分析提供一个基础：②

有关JWST进度和成本的信息：

（1）JWST是NASA历史上最复杂的项目之一（GAO，2014b）。

（2）除了设计之外，JWST的集成和测试工作的规模，比大多数的NASA的项目都要复杂（GAO，2014b）。

（3）制冷机子系统特别复杂且具有挑战性，因为冷却组件之间的距离相对较远，并且需要克服多种多余的热源（GAO，2014b）。

（4）制冷机分包之前经历了进度延迟和持续的性能挑战（Leone，2014）。

（5）由于制冷机元件制造和开发延迟，将七个早期里程碑推迟到2015财年（GAO，2014b）。

（6）2014年，制冷机子系统开发进度储备从5个月减少到0个月（GAO，2014b）。

（7）在过去一年中，开发其他子系统的进度储备也有所减少，但不如制冷机子系统的进度储备减少得多（GAO，2014b）。

（8）该项目进入2015财年时，约有40%的成本储备已经投入，减少了用于缓解项目进度的其他威胁的可用资金（GAO，2014b）。

（9）白宫和国会就取消现有的运营项目（如SOFIA，Spitzer）以资助JWST进行了辩论，尽管目前尚未发生此类取消（Foust，2014）。

有关JWST技术需求、性能和设计的信息：

（1）成功获得高分辨率数据，需要高度受控的环境，包括最小的振动，最小的杂散光，尤其是中红外范围内的杂散光，以及与寒冷和稳定温度环境的最小偏差（GAO，2014b；NASA，2016 b）。

（2）虽然分包商已经建造了测试低温压缩机单元，当通过螺栓连接到航天器平台时，这些单元能够执行NASA的规范，但分包商尚未获得执行NASA系统设计规范的钎焊机组（Leone，2014）。

（3）制冷机的冷头组件，还没有在其设备配置中进行真空测试，以验证最近安装在组件中的替换阀门的密封性（Leone，2014）。

（4）JWST被认为无法使用，因为它将位于距离地球约100万英里的第二个拉格朗日点（NASA，2016b）。

（5）尽管JWST名义上无法使用，但其设计有一个用于对接的抓斗臂，这意味着执行服务任务的选择尚未完全放弃（NASA，2016b）。

除了与JWST项目有关的信息外，由于任务的相似性，从哈勃太空望远镜（HST）在近轨道运行中获得的历史经验也与本次示例演示有关。特别令人感兴趣的是从各种来源获得的下列信息：

HST的相关信息：

（1）由于靠近地球，HST 已经完成了几次成功的维修任务，但开始并不确定能否成功完成维修任务（HubbleSite. org，2016）。

（2）HST 的几个严重操作难题，要求通过维修任务来执行翻新和/或校正措施，包括著名的镜子制造错误，这大大降低了图像的质量（Harwood，2009）。

（3）需要维修任务的其他操作难题，包括更换太阳能电池板，以纠正由于循环轨道太阳照射引起的过度发热造成的抖动问题，以及更换几个受发射环境不利影响的陀螺仪（Harwood，2009）。

（4）服务任务也带来了新的机会，包括纳入了新的、更灵敏的仪器，并增加了先进相机，用于探索暗能量和 HST 揭示的其他宇宙学发现（NASA，2009）。

4.3　目标层级结构示例

我们首先为每个组织的管理单位分别指定目标，然后将它们整合到一个跨组织的单一目标层级结构中。本示例的管理单位分为以下三个 NASA 组织层级：管理层级（E）、任务委员会或总项目层级（P）和中心层级（C）。③

4.3.1　不同管理层级的目标层级结构

管理层的目标是组织的战略目标，在本例中，源自 NASA 的战略规划，被认为有 10 年以上的时间框架，考虑了两个战略目标，如图 4.1 所示。

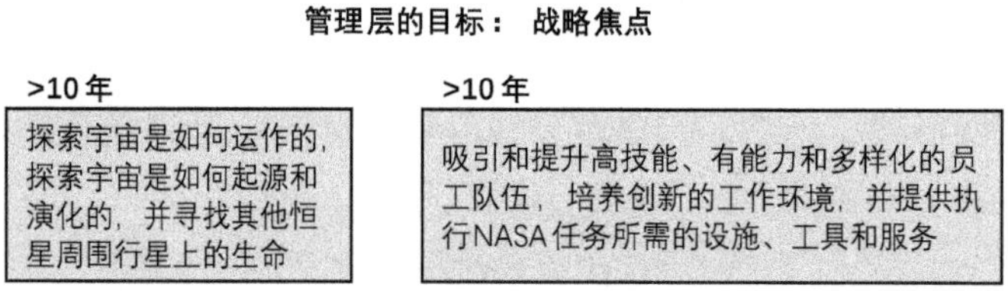

管理层的目标：战略焦点

>10 年	>10 年
探索宇宙是如何运作的，探索宇宙是如何起源和演化的，并寻找其他恒星周围行星上的生命	吸引和提升高技能、有能力和多样化的员工队伍，培养创新的工作环境，并提供执行 NASA 任务所需的设施、工具和服务

图 4.1　管理层的目标演示示例

总项目层级的目标包括设计、开发、制造、部署和运维，用于支持与 NASA 使命任务相关的各种战略目标。如图 4.2 所示，本例中包括四个总项目层级的目标，根据其适用的时间范围进行区分。

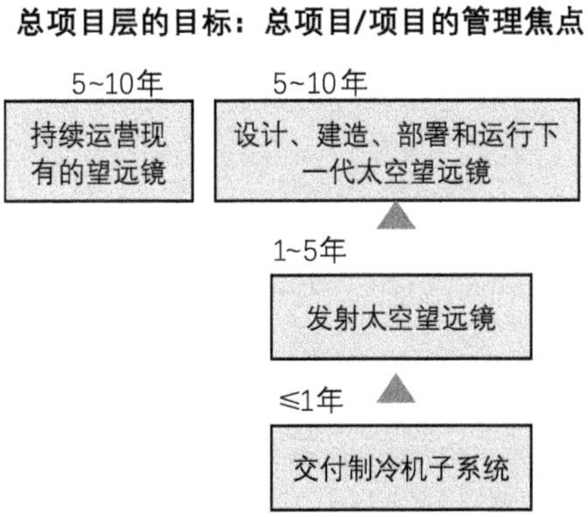

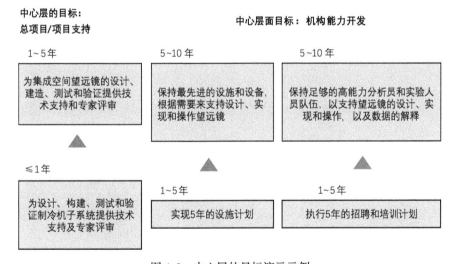

图4.2 总项目层的目标演示示例

中心层级的目标分为两类：总项目/项目支持与机构能力开发。考虑了每个类别中的两种情况，如图4.3所示。与总项目层级的目标一样，根据其所适用的时间范围进行区分。

图4.3 中心层的目标演示示例

4.3.2 组织整体的目标层级结构

图4.4举例说明了如何将管理层、总项目层和中心层的目标层级整合到单个目标层级机构中，该层级结构维护每个级别内目标之间的关系，并引入跨级别目标之间存在的主要关联。一般来说，总项目层的目标支持一个或多个管理层的目标，而中心层的目标可能同时支持总项目层的目标和一个或多个管理层

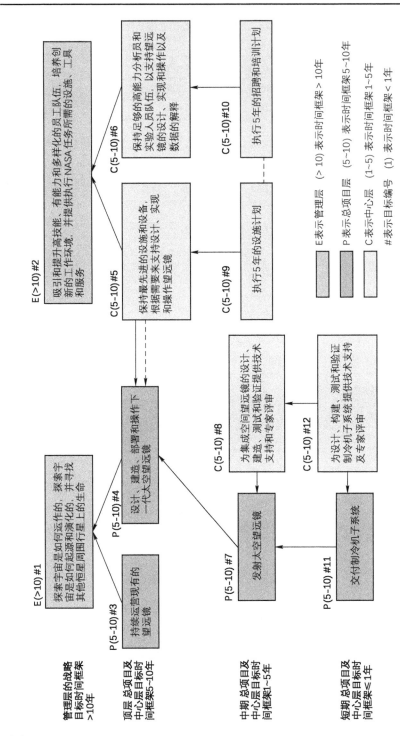

图4.4 显示目标之间主要关联的整合目标层级结构（见彩插）

的目标。例如，编号为 C(5-10)#6、标题为"保持一支高素质的分析师队伍"的目标，直接支持编号为 P(5-10)#4、标题为"设计、建造、部署和运维下一步太空望远镜"的目标，以及编号为 E(>10)#2、标题为"吸引和提升高技能、有能力和多样化的员工队伍，培养创新的工作环境，并提供执行 NASA 任务所需的设施、工具和服务"的目标。④

4.4　风险、机会和先行指标

在演示示例中，正如在前面介绍的开发方法（如 1.2.4 节）一样，我们谈到了两个级别的风险和机会：①单个的；②累积或汇总的。单个的风险和机会是通过情景说明来描述的；层级结构中的每个目标，都可能有几个与之相关的风险和机会情景；每个目标也有累积的风险和机会，代表以下两个方面的累积：

（1）影响该目标的单个的风险和机会情景。

（2）影响该目标的关联目标（即其子目标）的累积风险和机会。

在准备完成太空望远镜示例所需的每个演示步骤时，关注所寻求的主要结果非常重要。这些包括：

（1）单个已知风险的识别、评价和排序。

（2）单个已知机会的识别、评价和排序。

（3）累积已知风险的评价和排序。

（4）累积已知机会的评价和排序。

（5）累积未知和低估（UU）风险的评价和排序。

（6）识别风险和机会驱动因素以及应对建议，包括行动和内部控制。

出于概念目的，表 4.1 显示了累积风险和机会的预期结果形式的高层级示意图。下面几节中的示例将展示如何产生这些结果。

4.4.1　已知风险和机会情景

根据 4.2 节中提供的与 JWST 和 HST 相关的信息，本次演示总共假设了 8 个单独的风险和 1 个单独的机会。如图 4.5 所示，两个单独的风险被分配给战略目标 E(>10)#1，其中一个也被分配给目标 E(>10)#2，因为它直接影响两个目标。此外，还显示了适用于每种风险的建议先行指标。

表 4.1 累积风险和机会的结果形式视图

目标编号	目标描述	风险对目标的关注程度 (−1, −2, −3)	机会对目标的有利程度 (+1, +2, +3)	驱动因素	建议的应对措施和内部控制措施	未知和低估风险对目标的关注程度 (−1, −2, −3)	未知和低估风险的驱动因素	建议的应对措施和内部控制措施
C(1)#12	为制冷机子系统的设计、建造、测试和验证提供技术支持和专家评审	待定	待定	待定	待定	待定	待定	待定
P(1)#11	交付制冷机子系统	待定	待定	待定	待定	待定	待定	待定
C(1–5)#10	执行5年的招聘和培训计划	待定	待定	待定	待定	待定	待定	待定
C(1–5)#9	执行5年的设施计划	待定	待定	待定	待定	待定	待定	待定
C(1–5)#8	为集成空间望远镜的设计、建造、测试和验证提供技术支持和专家评审	待定	待定	待定	待定	待定	待定	待定
P(1–5)#7	发射太空望远镜	待定	待定	待定	待定	待定	待定	待定
C(5–10)#6	保持足够的高能力分析员和实验人员队伍，以支持望远镜的设计、实现和运维以及数据的解释	待定	待定	待定	待定	待定	待定	待定
C(5–10)#5	保持最先进的设施和设备，根据需要来支持设计、实现和运维望远镜	待定	待定	待定	待定	待定	待定	待定
P(5–10)#4	设计、建造、部署和运维下一代太空望远镜	待定	待定	待定	待定	待定	待定	待定
P(5–10)#3	继续运维现有的望远镜	待定	待定	待定	待定	待定	待定	待定
E(>10)#2	吸引和提升高技能、有能力和多样化的员工队伍，培养创新的工作环境，并提供执行NASA任务所需的设施、工具和服务	待定	待定	待定	待定	待定	待定	待定
E(>10)#1	探索宇宙是如何运作的，探索宇宙是如何起源和演化的，并寻找其他恒星周围行星上的生命	待定	待定	待定	待定	待定	待定	待定

"待定"单元格图例

| −1 | 绿色风险：可容忍 | −2 | 黄色风险：微小 | −3 | 红色风险：不可容忍 | +1 | 米色机会：不重要 | +2 | 紫色机会：微小 | +3 | 蓝色机会：重要 |

在图4.6中，另外三个风险以及相关的先行指标分别被分配到顶级、中级和低级的规划目标当中；在图4.7中，两个带有相关先行指标的风险被分配给机构类别的中期任务支持目标C(1-5)#9和C(1-5)#10；最后，在图4.8中，为战略目标E(>10)#1确定了一个具有相关先行指标的机会，以及三个衍生的风险，以及它们自己的相关先行指标，如果对机会采取行动，这些衍生风险将会引起关注。

4.4.2 交叉风险与机会

在EROM实践中识别的风险和机会情景，可能以多种方式进行交叉：

（1）组织上的交叉情景，会影响组织内的多个组织单位。从这个意义上说，图4.5~图4.8中的所有风险和机会都是交叉的。

（2）总项目中的交叉情景，会影响组织内的多个总项目和/或项目。图4.5中的两个风险之一（图表中较高的）和图4.7中的两个风险在总项目方面都是交叉的。

（3）战略性交叉情景直接影响目标层级中的多个高层级的目标。图4.5中的风险在上一条中被识别为总项目层级的交叉风险，在战略性上也是交叉的。

（4）泛机构的交叉情景会影响多个机构。当机构参与合作时，就会出现这种风险。

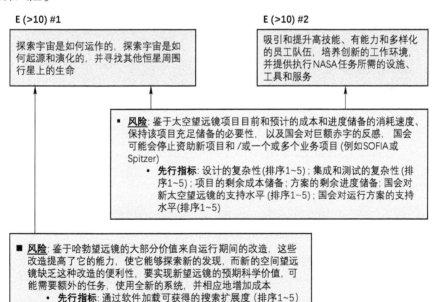

图4.5 管理层目标的单个风险和相关先行指标

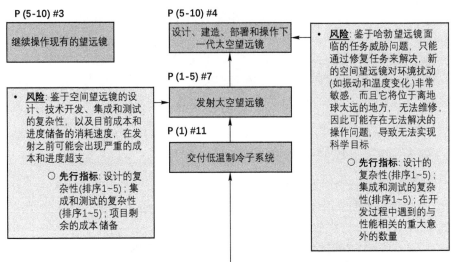

图 4.6　总项目层目标的个体风险和相关先行指标

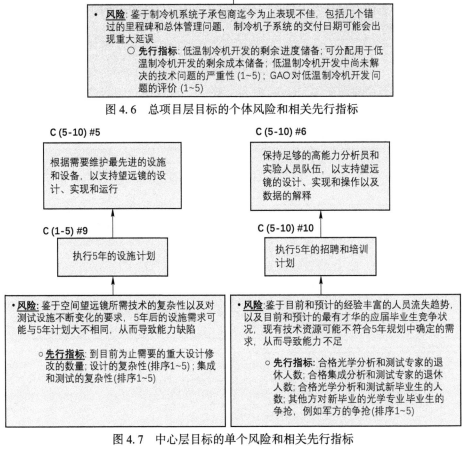

图 4.7　中心层目标的单个风险和相关先行指标

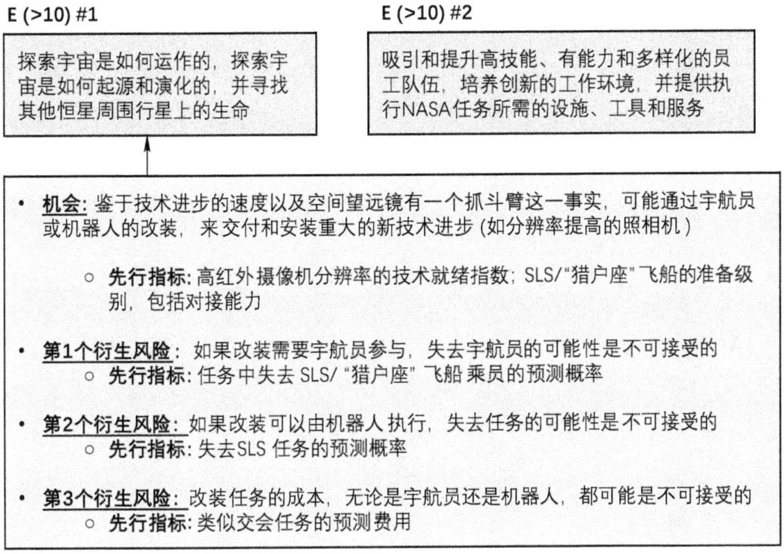

E (>10) #1
探索宇宙是如何运作的，探索宇宙是如何起源和演化的，并寻找其他恒星周围行星上的生命

E (>10) #2
吸引和提升高技能、有能力和多样化的员工队伍，培养创新的工作环境，并提供执行NASA任务所需的设施、工具和服务

- **机会**：鉴于技术进步的速度以及空间望远镜有一个抓斗臂这一事实，可能通过宇航员或机器人的改装，来交付和安装重大的新技术进步（如分辨率提高的照相机）
  - **先行指标**：高红外摄像机分辨率的技术就绪指数；SLS/"猎户座"飞船的准备级别，包括对接能力
- **第1个衍生风险**：如果改装需要宇航员参与，失去宇航员的可能性是不可接受的
  - **先行指标**：任务中失去SLS/"猎户座"飞船乘员的预测概率
- **第2个衍生风险**：如果改装可以由机器人执行，失去任务的可能性是不可接受的
  - **先行指标**：失去SLS任务的预测概率
- **第3个衍生风险**：改装任务的成本，无论是宇航员还是机器人，都可能是不可接受的
  - **先行指标**：类似交会任务的预测费用

图 4.8　管理层目标的单个机会、衍生风险和相关先行指标

此外，从图 4.5~图 4.8 可以看出，某些先行指标可能会影响多个风险情景和/或多个目标。例如，"设计复杂性"影响图 4.5 中的一个风险情景和两个目标，以及图 4.6 中的两个风险和两个目标。这可被认为是"交叉"的先行指标。

EROM 方法旨在促进对交叉风险、机会和先行指标的分析，允许在适当的情况下将其统筹考虑。只要每次它们出现时都能得到一致的处理，同一场景或指标分别出现在不同实体、项目或目标中是可行的。如 3.4.1 节所述，分类法的使用，有助于识别交叉风险、机会情景以及交叉先行指标。

4.4.3　未知和低估风险

识别风险和机会情景的过程针对的是已知风险和机会。然而，除了已知的情景之外，在确定成功或失败的总体可能性（即无法满足顶层目标的累积风险）时，还必须考虑潜在的未知和低估（UU）风险。

值得注意的是，图 4.5~图 4.7 中列出的几个先行指标直接或间接地与 UU 风险源有关。例如，"设计的复杂性"和"集成和测试的复杂性"是 3.4.5 节中"复杂度,特别是涉及系统不同部分之间的接口"中引用的第一个 UU 因素案例。此外,图 4.6 中引用的以下先行指标"制冷机开发中未解决的技术问题的严重性",是 3.4.5 节"使用全新的技术或现有技术的全新应用"第三个 UU 因素的间接实例。如果本例中的评估是在 2010 年之前进行的,则 3.4.5 节的第六个 UU 因素,也可能被认为是未来风险的先行指标,即与制冷机开发相关的前期管理缺陷:"责任分配给各实体时的监督程度"(NASA, 2016 b; HubbleSite.org, 2016)。

除了这些指标外,还有其他先行指标(见 3.4.5 节)与 UU 挑战的发生相关。其中最重要的两个是:

(1)满足极其紧张的进度和/或预算的压力,特别是在与一组复杂的任务结合时。

(2)管理缺陷,例如,未能对分散的供应商进行充分监督,未能相互尊重和促进公开沟通。

因此,除了对每个目标的累积已知风险和机会进行排序外,演示示例的主要结果,还将包括基于与 UU 风险相关的先行指标对 UU 风险的累积关注程度进行的排序,以及驱动累积排序的 UU 指标的关键属性列表。⑤

4.5　风险和机会识别与评价的示例模板

4.5 节、4.6 节和 4.7 节提供了一系列模板,旨在演示如何使用前面几节中提供的信息,首先评价与整合目标层级结构中,与每个目标相关的总体风险和总体机会,然后识别并评价风险缓解、机会行动和内部控制的选项。模板的主要目的是确保所有相关的信息以理性、全面和透明的方式传递。

4.5.1　风险和机会识别模板

表 4.2 给出了风险和机会识别模板,该模板收集了 4.4 节中提到的已知风险和机会的信息。它通过将已识别的单个风险、机会和衍生风险情景、每个情景的先行指标,以及每个情景对应的目标,制成表格来实现这一点。

第 4 章 为绩效评价和战略规划开发和使用 EROM 模板

表 4.2 风险和机会识别模板

目标编号	目标描述	情景类型	情景编号	情景陈述	先行指标编号	先行指标描述
P(1)#11	交付制冷机子系统	风险	1	鉴于制冷机系分包商迄今为止的绩效不达标，包括几个错过的里程碑和总体管理问题，制冷机系统的交付日期可能会明显延迟	1	留给制冷机研制的剩余进度储备
					2	项目剩余的可以分配备低温设备成本储备
					3	低温开发中未解决的技术问题的严重程度（1~5 级）
					4	GAO 对低温制冷机开发问题的评价（1~5）
C(1-5)#10	执行 5 年的招聘和培训计划	风险	2	鉴于目前和预计的经验丰富的人员流失趋势，以及目前和预计的最有才华的应届毕业生竞争状况，现有技术资源可能不符合 5 年计划中确定的需求，从而导致能力不足	5	合格的光学分析和测试专家的退休人数
					6	合格的集成和测试专家退休人数
					7	合格的光学分析和测试应届毕业生人数
					8	其他方对新毕业的光学毕业生的争抢比例（排序 1~5）
C(1-5)#9	执行 5 年的设施计划	风险	3	鉴于空间望远镜所需技术的复杂性和测试设施需求的变化，5 年后的设施需求可能与 5 年计划之间有很大差异，从而导致能力不足	9	到目前为止所需的重大设计修改数目
					10	设计的复杂性（排序 1~5）
					11	集成和测试的复杂性（排序 1~5）
P(1-5)#7	发射太空望远镜	风险	4	鉴于空间望远镜的设计、技术开发、集成和测试的复杂性，以及目前成本和进度储备的消耗速度，在发射前可能会出现大量费用和进度超支	10	设计的复杂性（排序 1~5）
					11	集成和测试的复杂性（排序 1~5）
					12	项目剩余成本储备
					13	项目剩余进度储备
P(5-10)#4	设计、建造、部署和操作下一代太空望远镜	风险	5	鉴于修复任务来解决、新的空间望远对环境扰动非常敏感，而且它将位于离地太远的地方，无法修复，可能存在无法解决的操作问题，导致无法实现科学目标	10	设计的复杂性（排序 1~5）
					11	集成和测试的复杂性（排序 1~5）
					14	在开发过程中遇到的与性能有关的重大意外困难数目

续表

目标编号	目标描述	情景类型	情景编号	情景陈述	先行指标编号	先行指标描述
E(>10)#2	吸引高技能的员工，培养创新的工作环境，提供设施、工具和服务	风险	6	鉴于太空望远镜项目目前和预计的成本和进度储备的消耗速度，保持该项目充足储备的必要性以及国会对巨额赤字的反感，国会可能会停止资助新项目和/或一个或多个业务项目（如SOFIA或Spitzer）	12	项目成本储备
					13	项目进度储备
					15	国会对新太空望远镜的支持程度（排序1~5）
					16	国会对正在实施的计划的支持程度（排序1~5）
E(>10)#1	探索宇宙是如何运作和演化的，并寻找其他恒星周围行星上的生命	风险	6	和上面一样	10~13, 15, 16	和上面一样
		风险	7	鉴于哈勃望远镜改造任务的大部分价值来自它能够探索新的发现，而且新望远镜需要实现新望远镜的预期科学价值，可能需要额外的系统和相应的额外费用	17	通过软件加载可获得的搜索扩展度（排序1~5）
		机会	8	鉴于科技的发展速度和它有一个抓斗臂这一事实，可能会带来重大的新技术进步（例如分辨率提高的照相机）并安装在望远镜上	18	高红外摄像机分辨率的技术就绪指数
					19	SLS/"猎户座"飞船准备就绪程度，包括对接能力
		衍生风险	9	如果改装需要宇航员参与，失去宇航员的可能性是不可接受的	20	月球任务中SLS/"猎户座"飞船的预测可能性（LOC）
E(>10)#1	探索宇宙是如何运作和演化的，并寻找其他恒星周围行星上的生命	衍生风险	10	如果改装可以由机器人执行，失去任务的可能性是不可接受的	21	SLS的预测可能性（LOM）
		衍生风险	11	改装任务的成本，无论是宇航员还是机器人，都是不可接受的	22	一次交会任务的预测成本

注：斜体表示风险、机会或先行指标的重复实例。

4.5.2 先行指标评价模板

表4.3为先行指标评价模板，用于为每个先行指标分配监控和应对触发值，记录指标的当前值，并提供趋势信息。如前所述，先行指标触发值用于在风险达到风险容忍边界，或机会达到机会偏好边界时发出信号。达到风险先行指标的触发值，意味着不能满足战略目标层级结构中的某个因素的可能性正在成为一个问题。机会先行指标达到触发值，意味着要么有显著增加满足战略目标层级结构中的某个因素的可能性，要么有一个新的机会来实现以前认为无法实现或无法想象的新目标。超过监控触发值，表明应该考虑采取行动，但并非迫在眉睫。超过应对触发值表明可能迫切需要采取行动（例如，减轻风险或利用机会）。

对给定先行指标的关注程度，取决于先行指标的当前值和/或预测的未来值相对于监控和应对触发值的位置。在表4.3中，从现在起未来一年的预测值（之前称为"趋势"）显示为一个考虑不确定性的范围。出于概念上的考虑，对一些人而言，把不确定性的范围看成先行指标未来值90%左右的置信区间可能会有所帮助。但是，如果在这种情况下使用置信水平，则用来表示主体对信念的定性强度，而不再是一个来自样本或总体的统计量。

表4.4说明了如何为短期计划目标P(1)#11，标题为"交付制冷机子系统"完成先行指标评价模板。这些条目主要基于先前在4.2节中详细列出的JWST信息，即公开可用的材料。这些信息的使用在标有"理由或来源"的事例中进行了总结。简言之，模板记录以下信息：

（1）过去一年中，制冷机的开发进度（先行指标1）减少了100%，这引起了人们对制冷机交付日期和整个项目进度的担忧。

（2）过去一年中，整个项目的成本储备低了40%（先行指标2），这引起了人们对可以重新分配给制冷机的资源数量的担忧。

（3）几个重大技术问题尚未完全解决的事实（先行指标3），引起了人们进一步的关注。

（4）美国政府问责局（GAO）撰写的关于制冷机管理问题的负面进展报告（先行指标4），再次引起了人们的关注。

（5）喷气推进实验室（JPL）的趋势分析表明，进度储备不会进一步降低（先行指标1的一年预测值），这减轻了一些担忧，特别是因为分析表明，将制冷机与航天器集成并开始集成测试的进度应该保持不变。

（6）然而，美国政府问责局的警告信号表明，喷气推进实验室的估算存在大量的不确定性，这导致了更多的担忧。

表 4.3 先行指标评价模板

目标编号	先行指标编号	先行指标描述	风险、机会或衍生风险	情景编号	先行指标监控值	理由或来源	先行指标应对值	理由或来源	先行指标目前值	理由或来源	先行指标一年期预测值	理由或来源	先行指标的关注或有利水平
P(1)#11	1	留给制冷机研制的测余进度储备	风险	1	xx	xx	xx	xx	xx	xx	xx~xx	xx	待定
	2	项目剩余的可以分配给低温设备的成本储备	风险	1	xx	xx	xx	xx	xx	xx	xx~xx	xx	待定
	3	制冷开发未解决的技术问题的严重程度	风险	1	xx	xx	xx	xx	xx	xx	xx~xx	xx	待定
	4	GAO对低温制冷机开发问题的评价	风险	1	xx	xx	xx	xx	xx	xx	xx~xx	xx	待定
	5	合格的光学分析和测试专家的退休人数	风险	2	xx	xx	xx	xx	xx	xx	xx~xx	xx	待定
	6	合格的集成分析和测试专家退休人数	风险	2	xx	xx	xx	xx	xx	xx	xx~xx	xx	待定
C(1-5)#10	7	合格的光学分析和测试专家应届毕业生人数	风险	2	xx	xx	xx	xx	xx	xx	xx~xx	xx	待定
	8	其他方对新毕业的光学专业毕业生的争抢,例如军方的争抢(排序1~5)	风险	3	xx	xx	xx	xx	xx	xx	xx~xx	xx	待定
	9	到目前为止所需的重大设计修改数目	风险	3	xx	xx	xx	xx	xx	xx	xx~xx	xx	待定
C(1-5)#9	10	设计的复杂性(排序1~5)	风险	3	xx	xx	xx	xx	xx	xx	xx~xx	xx	待定
	11	集成和测试的复杂性(排序1~5)	风险	4	xx	xx	xx	xx	xx	xx	xx~xx	xx	待定
	10	*设计的复杂性(排序1~5)*	风险	4	xx	xx	xx	xx	xx	xx	xx~xx	xx	待定
	11	*集成和测试的复杂性(排序1~5)*	风险	4	xx	xx	xx	xx	xx	xx	xx~xx	xx	待定
P(1-5)#7	12	项目剩余成本储备	风险	4	xx	xx	xx	xx	xx	xx	xx~xx	xx	待定
	13	项目剩余进度储备	风险	4	xx	xx	xx	xx	xx	xx	xx~xx	xx	待定

第 4 章 为绩效评价和战略规划开发和使用 EROM 模板

续表

目标编号	先行指标编号	先行指标描述	风险、机会或衍生风险	情景编号	先行指标监控值	理由或来源	先行指标应对值	理由或来源	先行指标目前值	理由或来源	先行指标一年期预测值	理由或来源	先行指标的有关注或利水平
P(5~10)#4	10	设计的复杂性（排序1~5）	风险	5	xx	xx	xx	xx	xx	xx	xx~xx	xx	待定
	11	集成和测试的复杂性（排序1~5）	风险	5	xx	xx	xx	xx	xx	xx	xx~xx	xx	待定
	14	在开发过程中遇到的与性能有关的重大意外困难数目	风险	5	xx	xx	xx	xx	xx	xx	xx~xx	xx	待定
	12	项目成本储备	风险	6	xx	xx	xx	xx	xx	xx	xx~xx	xx	待定
	13	项目进度储备	风险	6	xx	xx	xx	xx	xx	xx	xx~xx	xx	待定
	15	国会对新太空望远镜的支持水平	风险	6	xx	xx	xx	xx	xx	xx	xx~xx	xx	待定
	16	国会对运营计划的支持水平	风险	6	xx	xx	xx	xx	xx	xx	xx~xx	xx	待定
E(>10)#2	10	设计的复杂性（排序1~5）	风险	6	xx	xx	xx	xx	xx	xx	xx~xx	xx	待定
	11	集成和测试的复杂性（排序1~5）	风险	6	xx	xx	xx	xx	xx	xx	xx~xx	xx	待定
	12	项目成本储备	风险	6	xx	xx	xx	xx	xx	xx	xx~xx	xx	待定
	13	项目计划储备	风险	7	xx	xx	xx	xx	xx	xx	xx~xx	xx	待定
E(>10)#1	15	国会对新太空望远镜的支持水平	风险	8	xx	xx	xx	xx	xx	xx	xx~xx	xx	待定
	16	国会对运营计划的支持水平	风险		xx	xx	xx	xx	xx	xx	xx~xx	xx	待定
	17	国会对运营计划的支持水平	风险		xx	xx	xx	xx	xx	xx	xx~xx	xx	待定
	18	高分辨率红外摄像机的技术准备水平	机会		xx	xx	xx	xx	xx	xx	xx~xx	xx	待定

续表

目标编号	先行指标编号	先行指标描述	风险、机会或衍生风险	情景编号	先行指标监控值	理由或来源	先行指标应对值	理由或来源	先行指标目前值	理由或来源	先行指标一年期预测值	理由或来源	先行指标的关注或有利水平
E(>10)#1	19	SLS/"猎户座"飞船的就绪级别，包括对接能力	机会	8	xx	xx	xx	xx	xx	xx	xx~xx	xx	待定
	20	SLS/"猎户座"飞船月球任务的预测可能性（LOC）	衍生风险	9	xx	xx	xx	xx	xx	xx	xx~xx	xx	待定
	21	SLS 的预测可能性（LOM）	衍生风险	10	xx	xx	xx	xx	xx	xx	xx~xx	xx	待定
	22	对于交会任务的预计成本	衍生风险	11	xx	xx	xx	xx	xx	xx	xx~xx	xx	待定

注：斜体字表示先行指标的重复实例。

"待定"单元格图例

| -1 绿色风险：可容忍 | -2 黄色风险：微小 | -3 红色风险：不可容忍 | +1 米色机会：不重要 | +2 紫色机会：微小 | +3 蓝色机会：重要 |

第4章 为绩效评价和战略规划开发和使用 EROM 模板

表 4.4 目标 P(1)#11 的先行指标评价模板示例：交付制冷机子系统

目标编号	先行指标编号	先行指标描述	风险、机会或衍生风险	情景编号	先行指标监控值	理由或来源	先行指标应对值	理由或来源	先行指标当前值	理由或来源	先行指标一年预测值	理由或来源	先行指标关注程度
P(1)#11	1	制冷机研制剩余进度储备	风险	1	计划的50%	历史上与超支付可能性中等相关	计划的10%	历史上与超支付可能性相关	计划的0%	据GAO报道	计划的0%~30%	在过去一年中，制冷机开发的进度储备从5个月减少到0个月，但在其他任务中，有足够的进度制冷机开发任务中，以恢复其正储备	-3，红色：不可容忍
P(1)#11	2	可分配给制冷机开发问题的剩余成本储备	风险	1	计划的50%	历史上与超支付可能性中等相关	计划的10%	历史上与超支付可能性相关	计划的10%	据GAO报告，去年项目成本储备的60%仍然存在。假设对始成本储备的50%必须可用于其他绩效事件，那么还有10%的剩余储备可分配给制冷机研发	计划的30%~50%	根据GAO，2016年将有更多的成本储备可用。此外，JPL对分包商绩效的开发不会延迟表明，因此集成时可能超过7个月，因此集成时可(2016年2月)	-2，黄色：微小
P(1)#11	3	制冷机开发中尚未解决的技术问题的严重性（1~5级）	风险	1	2	任何重要的技术未解决问题都需要监控	3	中等严重程度的技术需要应对	3	未解决的问题包括：①当将压缩机针杆样到航天器上时，压缩机未能按照规定运行；②真空试验期间冷头组件中更换阀门的验证；③制冷机开发可能产生的振动允许水平	1~3	这些技术问题的解决必须通过原型组件的原样测试来验证，这将在2015年进行，但与任何测试一样，事先不能保证成功	-2，黄色：微小
P(1)#11	4	GAO对低温制冷机开发问题的评价（1-5级，1代表被低可信度，5代表极高可信度）	风险	1	4	当信心不是很高但，需要警惕	2	当信心不足时，需要做出应对	3	GAO报告："在过去的一年中，每个元件和主要子系统的进度都出现了延误，特别是当制冷机出现进一步延误时，可能会对整个项目进度储备产生负面影响"	3~5	上文引用的JPL对分包商的分析表明，GAO的担忧趋势可能会在明年得到解决	2，黄色：微小

4.6 风险和机会汇总示例模板

4.6.1 目标之间的关系和影响模板

虽然目标之间的主要关系已显示在图4.4中,但也可以假设一些次级关系。在本演示中,还考虑了总项目和任务支持层的目标与管理层的战略目标之间的三个次级关系,如图4.9所示。

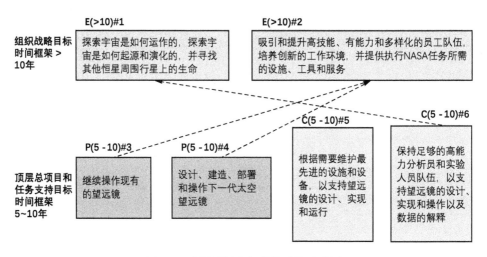

图4.9 次级目标之间的关系演示示例

其中前两个次级目标说明了,探索性的总项目和项目[P(5-10)#3和P(5-10)#4]的成功,通过定义员工所需的技术资质,为在NASA工作的合格技术人员提供奖励,并为将要开发的设施提供驱动力,进而影响吸引高技能员工和提供所需的设施[客观E(>10)#2]的成功。第三个次级目标表明,为成功地解释望远镜在运行期间获得的数据,为额外观测确定方向,必须保持一支足够强大的分析团队[目标C(5-10)#6]。

目标之间的关联关系和影响模板,以表格形式对此类信息进行了编辑,如表4.5所列。

表 4.5 目标之间的关联关系和影响模板

目标编号	目标描述	关联的目标数量	关联的目标编号	关联的目标描述	关联的依据
C(1)#12	为制冷机子系统的设计、建造、测试和验证提供技术支持和专家评审	0			
P(1)#11	交付制冷机系统	1	C(1)#12	为制冷机子系统的设计、建造、测试和验证提供技术支持和专家评审	交付前的必要里程碑
C(1-5)#10	执行5年的招聘和培训计划	0			
C(1-5)#9	执行5年的设施计划	0			
C(1-5)#8	为集成空间望远镜提供技术支持和专家评审	3	C(1)#12	为制冷机子系统的设计、建造、测试和验证提供技术支持和专家评审	集成前的必要里程碑
			C(1-5)#10	执行5年的招聘和培训计划	达到目标的必要能力
			C(1-5)#9	执行5年的设施计划	达到目标的必要能力
P(1-5)#7	发射太空望远镜	2	P(1)#11	交付制冷机系统	发射准备前的必要里程碑
			C(1-5)#8	为集成空间望远镜提供技术支持和专家评审	发射准备前的必要里程碑
C(5-10)#6	保持足够的高能力分析人员和实验队伍,以支持望远镜的设计、实现和操作以及数据的解释	1	C(1-5)#10	执行5年的招聘和培训计划	达到目标的必要能力
C(5-10)#5	根据需要维护最先进的设施和设备,以支持望远镜的设计、实现和运行	1	C(1-5)#9	执行5年的设施计划	达到目标的必要能力

续表

目标编号	目标描述	关联的目标数量	关联的目标编号	关联的目标描述	关联的依据
C(5-10)#4	设计、建造、部署和操作下一代太空望远镜	3	P(1-5)#7	发射太空望远镜	营运前的必要里程碑
			C(5-10)#6	保持足够的高能力分析员和实验人员队伍,以支持望远镜的设计、实现和操作以及数据操作的解释	支持望远镜的设计、开发、部署和操作
			C(5-10)5	根据需要维护最先进的设施和设备,以支持望远镜的设计、实现和操作	支持望远镜的设计、开发、部署和操作
P(5-10)#3	继续操作现有的望远镜	0			
E(>10)#2	吸引和提升高技能、有能力和多样化的员工队伍,培养创新的工作环境,并提供执行 NASA 任务所需的设施、工具和服务	4	C(5-10)#6	保持足够的高能力分析员和实验人员队伍,以支持望远镜的设计、实现和操作以及数据操作的解释	支持技术能力的维持
			C(5-10)#5	根据需要维护最先进的设施和设备,以支持望远镜的设计、实现和操作	支持技术能力的维持
			P(5-10)#4	*设计、建造、部署及运维新一代太空望远镜	*项目的成功促进了公众的兴趣并支持了 NASA 的使命
			P(5-10)#3	*继续运维现有望远镜	*项目成功促进公众利益
E(>10)#1	探索宇宙是如何运作的,探索宇宙是如何开始和演化的,并寻找其他恒星周围行星上的生命	3	C(5-10)#6	*保持足够的高能力分析员和实验人员队伍,以支持望远镜的设计、实现和操作以及数据操作的解释	*确保最佳科学收益的必要能力
			P(5-10)4	设计、建造、部署和运维下一个太空望远镜	项目的成功促进了宇宙的探索
			P(5-10)3	继续运维现有的望远镜	项目成功促进宇宙的探索

注:星号(*)表示次级关系。

4.6.2 已知风险汇总模板

无法成功实现目标的总体风险，可以通过两种备选方法中的任意一种方法汇总各个风险情景来评价。第一种备选方法如图 4.10 所示，参考图 4.4 中的顶层目标之一，包括以下步骤：

（1）从目标层级结构中识别感兴趣的目标（图 4.4）。

（2）从风险和机会识别模板（表 4.2）中识别与目标相关的风险情景。

（3）从风险和机会识别模板（表 4.2）中识别与每个风险情景相关的风险先行指标，并使用先行指标评价模板（表 4.3）评价先行指标的关注程度。

（4）使用透明且明确记录的汇总方法，汇总每个风险情景的先行指标关注程度，以获得每个风险情景的相应关注程度。

（5）使用目标之间的关联关系和影响模板（表 4.5）识别相互关联的目标，并将从上一个步骤中获得的对风险情景的关注程度与关联目标的关注程度汇总起来（在当前汇总之前确定关联目标的关注级别）。

汇总过程结束时的汇总关注程度，被定义为实现不了目标的汇总或累积风险，汇总过程中使用的透明和文档化的基本方法，决定了汇总风险的合理性。

图 4.11 说明了第二种备选方法，用于汇总关注程度以获得目标的总体风险。它与第一种备选方法的区别在于它减少了其中一个步骤。具体来说，目标的总体风险是通过直接汇总先行指标的关注程度（连同关联目标的关注程度）来确定的，而不需要先从先行指标到风险情景进行汇总。理由是先行指标实际上是风险情景的替代品，因此根据先行指标的关注程度推断实现不了目标的总体风险，与从风险情景的关注程度来推断总体风险一样合理。因此，可以通过从先行指标到单个风险情景的事后汇总，来确定风险情景的关注程度。

使用第二种备选方法，未能及时交付制冷机子系统的总体风险［目标 P(1)#11］，反映了先行指标 1~4 的关注程度的汇总关注程度，以及无法为此任务提供所需要技术支持的总体风险［目标 C(1)#12］，如图 4.12 所示。

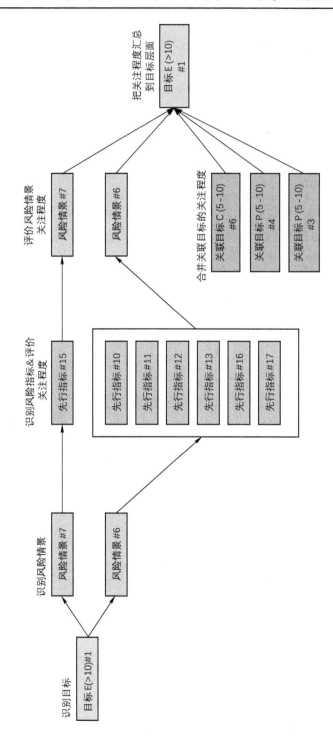

图 4.10 目标 E(>10)#1 的汇总方法备选方法 1 示意图

第 4 章　为绩效评价和战略规划开发和使用 EROM 模板

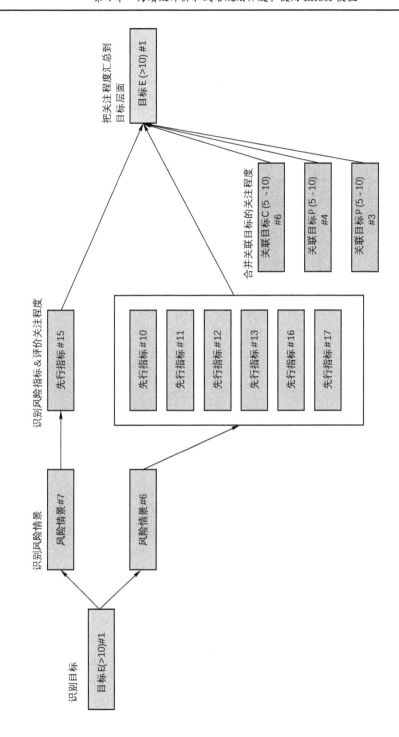

图 4.11　目标 E(>10)#1 的汇总备选方法 2 示意图

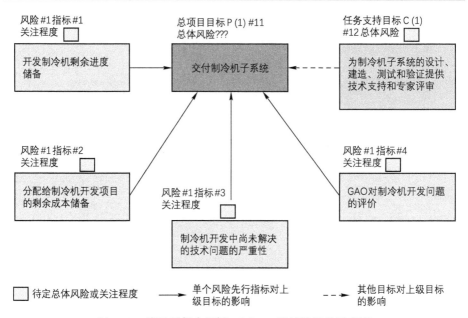

图 4.12 演示示例中目标 P(1)#11 的风险汇总示意图

相关的汇总在已知风险汇总模板上执行，见表 4.6。下一小节将讨论类似的机会汇总模板。

对于每个目标，从底部开始一直到顶部，已知风险汇总模板列出了所有风险指标和与之相关的关联目标。如前所述，这些输入是从以前的模板中获得的。下面的段落说明了模板中包含的附加信息，这些信息从模板的第六列开始。

1. 综合指标

标有"综合指标"的一栏中，提供了一种方法来说明某些指标的触发值可能取决于其他指标的值。这种相互依赖可能很重要。例如，成本和进度微小触发值，通常取决于待完成的工作量，由未解决问题的数量和复杂性所示。为简单起见，我们最初的演示，假设不考虑指定指标之间的依赖关系，在后面的演示中，我们再回到这个主题。[⑥]

2. 先行指标的关注程度/关联目标的风险水平

如前所述，汇总过程考虑了两种类型的风险输入：①与目标相关的先行指标的关注程度；②与目标相关的关联目标的总体风险。先行指标的关注程度已记录在先行指标评价模板（表 4.3）中，并从该模板转录到已知风险汇总模板。另外，关联目标的总体风险，是从较早已执行的汇总程序中获得的，并输入已知风险汇总模板。例如，影响 P(1)#11 的目标 C(1)#12 的总体风险，被输入到表 4.6 中上一层级的位置。

第 4 章 为绩效评价和战略规划开发和使用 EROM 模板

表 4.6 已知风险汇总模板

目标编号	目标描述	情景类型	先行指标编号或关联目标编号	先行指标描述或关联目标	综合指标	先行指标进度或关联目标累积风险	目标累积风险	汇总依据
C(1)#12	为制冷机子系统的设计、构建、测试和验证提供技术支持和专家审查	无	无	无	无	无	无	无风险进入
P(1)#11	交付制冷机子系统	风险	1	制冷机开发的剩余进度储备	无			
			2	可以分配给低温系统的项目剩余成本储备	无			
			3	未解决的低温技术问题的严重性（1~5级）	无		待定	待定
			4	GAO 对制冷机开发问题的评价（1~5级）	无			
			C(1)#12	为制冷机子系统的设计提供技术支持和专家评审	无	无		
C(1-5)#10	实施 5 年的招聘培训计划	风险	5	合格的光学分析测试专家退休人数	无	待定	待定	待定
			6	合格的集成分析测试专家退休人数	无	待定		
			7	合格的光学分析测试应届毕业生人数	无	待定		
			8	其他地方对新毕业的光学专业毕业生的争抢，例如军方	无	待定		
C(1-5)#9	执行 5 年的设施计划	风险	9	迄今为止所需的重大设计修改次数	无	待定	待定	待定
			10	设计的复杂性	无	待定		
			11	集成和测试的复杂性	无	待定		

续表

目标编号	目标描述	情景类型	先行指标编号或关联目标编号	先行指标描述或关联目标	综合指标	先行指标关注程度或关联目标累积风险	目标累积风险	汇总依据
C(1-5)#8	为集成空间望远镜的设计、建造、测试和验证提供技术支持和专家评审	风险	C(1)#12	为制冷机子系统的设计、……提供技术支持和专家评审	无	无	待定	待定
			C(1-5)#10	实施5年的招聘培训计划	无	待定	待定	待定
			C(1-5)#9	实施5年的设施计划	无	待定	待定	待定
P(1-5)#7	发射太空望远镜	风险	10	设计的复杂性（排序1~5）	无	待定	待定	待定
			11	集成和测试的复杂性（排序1~5）	无	待定	待定	待定
			12	项目成本储备	无	待定	待定	待定
			13	项目进度储备	无	待定	待定	待定
			P(1)#11	交付制冷子系统	无	待定	待定	待定
			C(1-5)#8	提供技术支持和专家评审、设计、……整体范围	无	待定	待定	待定
C(5-10)#6	保持足够的高能力分析员和实验人员队伍，以支持望远镜的设计、实现和操作以及数据验证的解释	风险	C(1-5)#10	执行5年的招聘和培训计划	无	待定	待定	待定
C(5-10)#5	维护最先进的设施和设备……以支持望远镜的设计、实现和运维	风险	C(1-5)#9	执行5年的设施计划	无	待定	待定	待定
P(5-10)#4	设计、建造、部署和运维下一代太空望远镜	风险	10	设计的复杂性（等级1~5）	无	待定	待定	待定
			11	集成和测试的复杂性（等级1~5）	无	待定	待定	待定
			14	开发过程中遇到的与性能相关的重大意外问题的数量	无	待定	待定	待定

第4章 为绩效评价和战略规划开发和使用 EROM 模板

续表

目标编号	目标描述	情景类型	先行指标编号或关联目标编号	先行指标描述或关联目标	综合指标	先行指标关注程度或关联目标累积风险	目标累积风险	汇总依据
P(5–10)#4	设计、建造、部署和运维下一代大空望远镜	风险	P(1–5)#7	发射大空望远镜	无	待定		
			C(5–10)#6	保持足够的高能力分析员和实验员队伍，以支持设计、实现和操作以及数据的解释	无	待定	待定	待定
			C(5–10)#5	维护最先进的设施和设备，以支持望远镜的设计、实现和操作	无	待定		
P(5–10)#3	继续运维现有望远镜	风险	无	无	无	待定	待定	待定
			12	项目成本储备	无	待定		
			13	项目进度储备	无	待定		
			15	国会对新型大空望远镜的支持水平（1～5级）	无	待定		
			16	国会对现有计划的高能力分析员和实验员队伍，以支持设计、实现和操作以及数据的解释	无	待定		
E(>10)#2	吸引高技能劳动力，培养创新的工作环境，并提供所需的设施、工具和服务	风险	17	通过S/W 加载可获得的搜索式扩展度	无	待定	待定	待定
			C(5–10)#6	保持足够的高能力分析员和实验员队伍，以支持设计、实现和操作以及数据的解释	无	待定		
			C(5–10)#5	维护最先进的设施和设备，以支持望远镜的设计、实现和操作	无	待定		
			P(5–10)#4	*设计、建造、部署和运维下一代大空望远镜	无	待定		
			P(5–10)#3	继续运维现有的望远镜	无	待定		

续表

目标编号	目标描述	情景类型	先行指标编号或关联目标编号	先行指标描述或关联目标	综合指标	先行指标关注程度或目标累积风险	目标累积风险	汇总依据
E(>10) #1	探索宇宙是如何运作的，探索宇宙是如何起源和演化的，并寻找其他恒星周围行星上的生命	风险	10	设计的复杂性（等级1~5）	无	待定	待定	待定
			11	集成和测试的复杂性（等级1~5）	无	待定		
			12	项目成本储备	无	待定		
			13	项目进度储备	无	待定		
			15	国会对新型太空望远镜的支持水平（1~5级）	无	待定		
			16	国会对现有计划太空望远镜的支持水平（1~5级）	无	待定		
			C(5-10)#6	*保持足够的骨干……望远镜的操作和数据的解释	无	待定		
			P(5-10)#4	设计、建造、部署和操作下一代望远镜	无	待定		
			P(5-10)#3	继续操作现有的望远镜	无	待定		

注：斜体字表示先行指标的重复实例；星号表示次级关系。

"待定" 单元格图例

-1 绿色风险：可容忍

-2 黄色风险：微小

-3 红色风险：不可容忍

3. 目标的总体风险和汇总依据

对先行指标和关联目标的总体风险的关注程度的汇总，是根据风险汇总模板最后一栏中所提供的基本依据进行的。这个过程是客观的，但不是定量的。通过考虑可能用于目标 P(1)#11：交付制冷机子系统的汇总依据，可以证实这一点。表 4.7 提供了该演示。与之前的先行指标评价模板实例（表 4.4）一样，其基本依据是基于 4.2 节中列出的关于 JWST 的公开信息。总之，该模板记录以下信息：

(1) 通过将额外的预算和人力从其他储备没有风险的任务转移到这项任务中，可以加快制冷机的开发进度。

(2) 喷气推进实验室（JPL）对分包商绩效趋势的分析表明，开发延迟不会超过 7 个月，即到 2015 年 11 月，因此集成测试可能会在 2016 年 2 月按时开始。

(3) 尽管今年的制冷机开发进度储备已经用完，但无法实现制冷机子系统交付目标的总体风险是微乎其微的。

为了进行比较，表 4.8 说明了如何重构表 4.7 以反映备选方法 1 的汇总方法，其中包括根据图 4.10 中的示意，将先行指标汇总到风险情景层面。

4.6.3 机会汇总模板

机会汇总模板（表 4.9）与已知风险汇总模板（表 4.6）类似，但机会情景通常伴随着衍生风险。作为正在考虑的事例，机会情景（表 4.2）是风险和机会识别模板中的输入，由于 JWST 航天器设计有抓斗臂，因此有可能通过宇航员或机器人的改造，将重大的新技术进步（如分辨率提高的摄像机）交付和安装在望远镜上。即使 JWST 被 NASA 描述为无法使用，也可能因为尝试这种交会任务的动机足够强大，足以证明风险是合理的。在这种情况下，衍生风险即乘组人员损失（LOC）或任务损失（LOM）的可能性（取决于任务是乘员还是机器人）可能高得令人无法接受，和/或改装任务的成本可能同样太高。这一机会的先行指标是高分辨率红外摄像机的技术准备水平和空间发射系统（SLS）的准备水平，如果任务是载人的，则包括"猎户座"飞船的准备水平。与 LOC 或 LOM 概率相关的衍生风险先行指标，是从类似涉及月球轨道的 SLS/"猎户座"飞船任务概率风险评估（PRA）获得的 P（LOC）或 P（LOM）的最新预测。与成本有关的衍生风险的先行指标，同样是类似任务的最新成本估算。

表 4.7 已知风险汇总模板案例目标 P(1)#11：制冷机子系统交付

目标编号	目标描述	情景类型	先行指标编号或关联目标编号	先行指标描述或关联目标	综合指标	先行指标关注水平或关联目标的累积风险	目标的累积风险	汇总依据
C(1)#12	为制冷机子系统的设计、建造、测试和验证提供技术支持和专家评审	无	无	无	无	-1 绿色 可容忍	-1 绿色 可容忍	未输入任何风险
P(1)#11	交付制冷机子系统	风险	1	制冷机开发的剩余进度储备	无	-3 红色 不可容忍	-2 黄色 微小	尽管制冷机开发的剩余进度储备是红色的（超过应对触发值），但不满足交付制冷机子系统的总体风险是黄色的（微小），因为：①根据目前的眼踪控制计划，如果需要，可以通过从其他任务额外的预算和人力，到这个任务上未加快制冷机的开发，剩余成本的任意任务中分流任务从中分流（注意从其他任务中分流制冷机的开发成本储备是黄色，不是红色。②JPL对分包商性能趋势的分析表明，开发不会延迟超过7个月，使得集成测试有可能按时开始（2016年2月）
			2	可分配给制冷机开发项目的剩余成本储备	无	-2 黄色 微小		
			3	制冷机发展中尚未解决的技术问题的严重性（1~5级）	无	-2 黄色 微小		
			4	GAO对制冷机开发问题的评价（1~5级，1=极低可信度，5=极高可信度）	无	-2 黄色 微小		
			C(1)#12	为制冷机子系统的设计、建造、测试和验证提供技术支持和专家评审	无	-1 绿色 可容忍		

第4章 为绩效评价和战略规划开发和使用EROM模板

表4.8 目标P(1)#11的风险汇总模板，包括风险情景等级的中间汇总

目标编号	目标描述	情景类型	先行情景编号或关联目标编号	风险或关联目标描述	先行指标编号	先行指标描述	综合指标	先行指标的关注程度	风险情景关注程度汇总	风险情景汇总依据	目标的总体风险	目标总体风险汇总依据
C(1)#12	交付制冷机子系统											
P(1)#11	为制冷机子系统的设计、建造、测试和验证提供技术支持和专家评审							-3 红色 不可容忍	-1 绿色 可容忍	无风险输入	1 绿色 可容忍	在最低层级无汇总
		风险	1	制冷机系统的交付日期可能会有很大的延误	1	制冷机研制剩余进度储备	无	-3 红色 不可容忍	-2 黄色 微小	尽管制冷机开发的剩余进度储备是红色的（超过应对触发值），但不满足交付制冷机子系统黄色的总体风险是黄色的（微小）因为：①通过从其他储备任务中分流额外的预算和人力到这个开发进度；②JPL对分包商惯性能趋势的分析表明，开发不会延迟超过7个月	-2 黄色 微小	将风险1与未达到目标C(1)#12的风险汇总时，没有补偿因素
					2	可分配给制冷机开发项目的剩余成本储备	无	-2 黄色 微小				
					3	制冷机发展中尚未解决的技术问题的严重性（1~5级）	无	-2 黄色 微小				
					4	GAO对制冷机问题的评价（1~5级，1=非常低信心，5=非常高信心）	无	-2 黄色 微小				
		风险	C(1)#12	组织可能无法为低温子系统提供足够的技术支持和专家评审					-2 黄色 微小	从目标C(1)#1结转		

由于此示例的唯一机会情景是在目标层级的顶层引入的［即在目标 E(>10)#1］，因此不存在从低级目标到高级目标的机会累积。相反，本示例中的汇总，仅涉及在目标 E(>10)#1（在表 4.9 底部输入）级别的机会和衍生风险的相关先行指标。在进行此汇总之前，机会先行指标的重要性和衍生风险先行指标的容忍度，从先行指标评价模板（表 4.3）转移到表 4.9 中标记为"先行指标重要性"的一栏。表 4.9 倒数第二列的累积机会是基于机会和衍生风险之间平衡认知，这是由各自的先行指标的值所反映的。平衡认知的基本依据记录在表 4.9 的最后一栏。

表 4.10 显示了一个机会汇总的示例。在这个示例中，根据预期的技术发展，能够执行服务任务以安装显著改进的红外摄像机的可能性很高，因此机会先行指标为蓝色（重要机会）。不太令人满意的是，按照现在的标准，目前的交会任务成本被认为是无法忍受的，因此与成本相关的衍生风险的先行指标是红色（不可容忍）。然而，由于以下原因，一旦系统投入运行，成本可能更容易被接受：

（1）一旦望远镜投入使用，并且其科学价值得到充分肯定，公众对该计划的热情可能大大提高，就像哈勃望远镜一样。

（2）一旦 SLS/"猎户座"飞船系统开始运行，并被证明是可靠和安全的，关于执行交会任务可行性的质疑可能会减弱。

（3）经济复苏可能会增加该国在太空上投入更多资金的意愿。

随着时间的推移，交会的感知成本被认为可能会变得更容易接受，因此考虑到机会和衍生风险的先行指标，累积机会被列为微小而非不重要。

4.6.4　综合指标识别与评价模板

到目前为止，所有展示的事例中，先行指标都被认为是独立指标，即使模板中包含了引入综合指标的可能性。只要它们的汇总依据考虑到它们之间可能存在的更复杂的关系，在设置触发值时，考虑它们是独立的、可以接受的。因此，在表 4.7 的汇总依据栏中引入了改善因素，以证明黄色（微小）不是红色（不可容忍）的汇总是合理的，并在表 4.10 中证明了紫色（微小）而不是米色（不重要）的总体机会的合理性，即使每种情况下都有一个指标是红色的。

表 4.9 机会汇总模板

目标编号	目标描述	情景类型	先行指标编号或关联目标编号	先行指标描述或关联目标	综合指标	先行指标重要性或关联目标累积机会	目标的累积机会	汇总依据
C(1)#12	为制冷机子系统的设计、建造、测试和验证提供技术支持和专家评审	无	无	无	无	无	无	没有机会进入
P(1)#11	交付制冷机子系统	无	无	无	无	无	无	没有机会进入
C(1-5)#10	执行5年的招聘和培训计划	无	无	无	无	无	无	没有机会进入
C(1-5)#9	执行5年的设施计划	无	无	无	无	无	无	没有机会进入
C(1-5)#8	为集成空间望远镜的设计、建造、测试和验证提供技术支持和专家评审	无	无	无	无	无	无	没有机会进入
P(1-5)#7	发射太空望远镜	无	无	无	无	无	无	没有机会进入
C(5-10)#6	保持足够的骨干……来支持望远镜的操作和数据的解释	无	无	无	无	无	无	没有机会进入
C(5-10)#5	维护最先进的设施和设备,以支持望远镜的设计、实现和运行	无	无	无	无	无	无	没有机会进入
P(5-10)#3	继续运维现有望远镜	无	无	无	无	无	无	没有机会进入
E(>10)#2	吸引/提升一支高技能、有能力多样化的员工队伍,培养一个创新的工作环境,并提供执行NASA任务所需的设施、工具和服务	无	无	无	无	无	无	没有机会进入

续表

目标编号	目标描述	情景类型	先行指标编号或目标关联编号	先行指标描述或关联目标	综合指标	先行指标重要性或累积目标关联机会	目标的累积机会	汇总依据
E(>10)#1	探索宇宙是如何运作的，探索宇宙是如何起源和演化的，并寻找其他恒星周围行星上的生命	机会	18	高红外摄像机分辨率的技术准备水平	无	待定 (+)	待定 (+)	待定
			19	SLS/"猎户座"飞船的就绪级别，包括对接能力	无	待定 (+)		
		衍生风险	20	SLS/"猎户座"飞船的预测 P(LOC)	无	待定 (+)		
			21	SLS 的预测 P(LOM)	无	待定 (+)		
			22	一次交会任务的预测成本	无	待定 (+)		

"待定" 单元格图例

| -1 绿色风险：可容忍 | -2 黄色风险：微小 | -3 红色风险：不可容忍 | +1 米色机会：不重要 | +2 紫色机会：微小 | +3 蓝色机会：重要 |

第4章 为绩效评价和战略规划开发和使用 EROM 模板

表 4.10 目标 E(>10)#1 的机会汇总示例：探索宇宙如何运作，探索它如何开始/演化，在其他恒星周围的行星上寻找生命

目标编号	目标描述	情景类型	先行指标编号或关联目标编号	先行指标描述或关联目标	综合指标	先行指标重要性或关联目标的累积机会	目标的累积机会	汇总依据
E(>10)#1	探索宇宙是如何运作的，探索它是如何开始和演化的，并在其他恒星周围的行星上寻找生命	机会	18	高红外摄像机分辨率的技术准备水平	无	+3 蓝色 重要	+2 紫色 微小	尽管根据该项目的当前资金估算的交会费用是无法忍受的，但一旦系统投入运行，它可能会变得更容易接受，因为：①一旦望远镜投入使用并且其科学价值得到充分认可，公众对该计划的热情可能会大大增加，就像哈勃望远镜一样。②一旦 SLS/Orion 系统开始运行并被证明是可靠和安全的，关于执行交会可行性的问题可能会减弱。③经济复苏可能会增加国在该国在太空上增加支出的意愿。
			19	SLS Orion 的结级别，包括对接能力	无	+3 蓝色 重要		
			20	Orion 的预测 P(LOC)	无	−2 黄色 微小		
		衍生风险	21	SLS 的预测 P(LOM)	无	−1 绿色 可容忍		
			22	一次交会任务的预测成本	无	−3 红色 不可容忍		

107

使用综合指标可以看到，某些指标的触发值可能取决于其他指标的值。例如，在表4.4的先行指标评价模板的例子中，先行指标1、2和3之间的相互依赖性，足以证明使用综合指标是合理的。也就是说，制冷机开发所需的进度储备（指标1），取决于可以转移到制冷机开发任务（指标2）的其他任务的成本储备量，以及尚待解决的技术问题的严重程度（指标3）。需要注意的是，综合指标不需要整合某个风险或机会情景的所有单个指标。例如，先行指标4，涉及美国政府问责局（GAO）对制冷机开发进展的评价，是未交付制冷机子系统风险的单个指标。

下面的方框提供了一个例子，说明如何定义一个综合指标，以识别先行指标1、2和3之间的依赖关系。

综合指标的示例

要定义综合指标，首先必须以精确的定量术语定义构成综合指标的各个指标。例如，假设先行指标1~3的定义如下：

指标（1）= 制冷机开发任务计划的进度储备中未使用的部分；可能的值为0~1。

指标（2）= 从整个项目中分配给制冷机开发任务的原始计划的成本储备中剩余未使用的部分；可能的值为0~1。

指标（3）= 制冷机开发中所有未解决技术问题的严重程度排序；可能的值为1、2、3、4和5。

假设此时引入综合指标A并定义如下：

综合指标(A) = −4×指标(1) − 4×指标(2) + 指标(3) + 7；可能值为0（最佳情况）~12（最差情况）

这个示例表明综合指标具有以下的特征，三个指标中的任何一个，从其最差值到最佳值的变化，对综合指标（A）的数值影响，与三个指标中其他指标从其最差值到最佳值的变化，对综合指标（A）的数值影响相同。例如，将指标（1）从1更改为0会导致综合指标（A）在正方向上共变化4，与指标（2）从1更改为0或将指标（3）从1更改为5，导致综合指标（A）的变化幅度一样。作为进一步说明，综合指标在以下任何情况的值都为6：

（1）进度储备=计划的0%，成本储备=计划的50%；技术问题排序=1。

（2）进度储备=计划的25%，成本储备=计划的25%；技术问题排序=1。

（3）进度储备=计划的0%，成本储备=计划的100%；技术问题排序=3。

(4) 进度储备=计划的50%，成本储备=计划的50%；技术问题排序=3。
(5) 进度储备=计划的50%，成本储备=计划的100%；技术问题排序=5。
(6) 进度储备=计划的75%，成本储备=计划的75%；技术问题排序=5。
换句话说，所有这些组合都会产生相同程度的关注。
本示例的综合指标识别和评价模板如表4.11所列。该表中的第三列表明以下组合是一个监控基点：

进度储备=计划的50%，成本储备=计划的50%；技术问题排名=2。
第四列表示以下组合是应对基点：
进度储备=计划的10%，成本储备=计划的10%；技术问题排名=3。
这些基准点为综合指标设置监控和应对触发值，如下所示：
(1) 综合指标监控触发值 = $-4\times(0.5)-4\times(0.5)+2+7=5.0$。
(2) 综合指标应对触发值 = $-4\times(0.1)-4\times(0.1)+3+7=9.2$。
这些值出现在表4.11的第10列和第11列。

表4.12说明了表4.7中的已知风险汇总模板示例，将如何因使用该综合指标而发生变化。需要注意的是汇总结果保持不变，但不再有红色（不可容忍）风险指标输入其中。

4.6.5 未知和低估风险汇总模板

除了风险和机会识别模板（表4.2）和先行指标评价模板（表4.3）中提供的已知风险先行指标外，还有一组与未知和低估（UU）风险的重要性相关的先行指标。一些更重要的内容已在3.4.5节和4.4.3节明确。

正如通过已知风险汇总模板（表4.6）汇总已知风险，深入了解已知风险是如何影响组织顶层目标的实现可能性一样，可以通过UU风险汇总模板，汇总UU风险的先行指标，以深入了解UU风险指标如何影响目标的实现可能性。在本例中，我们假设以下两个UU的先行指标，是UU风险的最重要来源：

(1) 进度/预算压力；
(2) 监督和沟通的质量。

这两项指标均按1~5进行度量，下端表示关注度最低，上端表示关注度最高。汇总的步骤与4.6.2节相同。UU风险汇总模板如表4.13所列。

表 4.11 综合指标识别和评价模板

综合指标编号	先行指标编号	先行指标描述或先行指标的复合函数	监控基点	应对基点	现值	一年期预期值	复合函数	复合函数的基本原理	综合指标监控触发值	综合指标应对触发值	综合指标的当前值	综合指标一年期预期值	综合先行指标关注程度
A	1	制冷机开发计划的剩余进度储备（计划的一部分）	0.5	0.1	0.0	0.3最好～0.0最差	CompInd(A):= −4×Ind(1)−4×Ind(2)+Ind(3)+7	从历史上看，完成类似规模和复杂性的任务所需的时间、所需的资金以及与该任务有关的未解决技术问题之间存在相关性（来源：xx）	5.0	9.2	9.6	4.8最好～8.8最差	−2 黄色 微小
	2	可以分配给制冷机开发储备剩余成本储备（计划的一部分）	0.5	0.1	0.1	0.5最好～0.3最差							
	3	有关制冷开发的重大未解决的技术问题的严重性（1～5级）	2	3	3	1最好～3最坏							

第4章 为绩效评价和战略规划开发和使用 EROM 模板

表 4.12 目标 P(1)#11 使用综合指标的风险累积模板示例

目标编号	目标描述	情景类型	先行指标或关联目标编号	先行指标描述或关联目标描述	综合指标	先行指标的关注度或关联目标的累积风险	目标的累积风险	汇总依据
C(1)#12	为制冷机子系统的设计、建造、测试和验证提供技术支持和专家评审	无	无	无	无	−1 绿色 可容忍	−1 绿色 可容忍	未输入任何风险
P(1)#11	交付制冷机子系统	风险	1	制冷机研制剩余进度储备	无	−2 黄色 微小	−2 黄色 微小	尽管制冷机开发的剩余进度储备是红色的（超过应对触发值，但不满足交付制冷机子系统是黄色的总体风险（微小），因为：① 通过从其他储备中分流额外的预算和人力，到这个任务上来加快制冷机的开发进度。② JPL 对分包商性能趋势的分析表明，开发不会延迟超过 7 个月
			2	可分配给开发的项目剩余成本储备	CompInd(A) : = −4×Ind(1) −4×Ind(2) +Ind(3)+7			
			3	制冷机发展中尚未解决的技术问题的严重性（1~5级）				
			4	GAO 对制冷机开发问题的评价（1~5级，1=极低可信度，5=极高可信度)	无	−2 黄色 微小		
			C(1)#12	为制冷机子系统的设计、建造、测试和验证提供技术支持和专家评审	无	−1 绿色 可容忍		

表4.13 UU风险汇总模板

目标编号	目标描述	情景类型	先行指标编号或关联目标编号	先行指标描述或关联目标描述	综合指标	UU先行指标关注程度或关联目标的UU累积风险	目标的累积UU风险	汇总依据
C(1)#12	为制冷机子系统的设计、建造、测试和验证提供技术支持和专家评审	UU风险	UU1	进度/预算压力（1~5级）	无	待定	待定	待定
		UU风险	UU2	监督和沟通的质量（1~5级）	无	待定		
P(1)#11	交付制冷机子系统	UU风险	UU1	进度/预算压力（1~5级）	无	待定	待定	待定
			UU2	监督和沟通的质量（1~5级）	无	待定		
			C(1)#12	为制冷机子系统的设计的技术支持和专家评审	无	待定		
C(1-5)#10	执行5年的招聘和培训计划	UU风险	UU1	进度/预算压力（1~5级）	无	待定	待定	待定
			UU2	监督和沟通的质量（1~5级）	无	待定		
C(1-5)#9	执行5年的设施计划	UU风险	UU1	进度/预算压力（1~5级）	无	待定	待定	待定
			UU2	监督和沟通的质量（1~5级）	无	待定		
C(1-5)#8	为集成空间望远镜的设计、建造、测试和验证提供技术支持和专家评审	UU风险	C(1)#12	为制冷机子系统设计提供技术支持和专家评审，……	无	待定	待定	待定
			C(1-5)#10	实施5年的招聘培训计划	无	待定		
			C(1-5)#9	实施5年的设施计划	无	待定		

第4章 为绩效评价和战略规划开发和使用 EROM 模板

续表

目标编号	目标描述	情景类型	先行指标编号或关联目标编号	先行指标描述或关联目标描述	综合指标	UU先行指标关注程度或关联目标的UU累积风险	目标的累积UU风险	汇总依据
P(1-5)#7	发射太空望远镜	UU风险	UU1	进度/预算压力（1~5级）	无	待定	待定	待定
			UU2	监督和沟通的质量（1~5级）	无	待定		
			P(1)#11	交付制冷机子系统	无	待定		
			C(1-5)#8	为集成空间望远镜提供技术、设计支持和专家评审……	无	待定		
C(5-10)#6	保持足够的员工……以操作望远镜和解释数据	UU风险	UU1	进度/预算压力（1~5级）	无	待定	待定	待定
			UU2	监督和沟通的质量（1~5级）	无	待定		
			C(1-5)#10	实施5年招聘培训计划	无	待定		
C(5-10)#5	保持最先进的设施和设备……以支持望远镜的设计、实现和操作	UU风险	UU1	进度/预算压力（1~5级）	无	待定	待定	待定
			UU2	监督和沟通的质量（1~5级）	无	待定		
			C(1-5)#9	实施5年设施计划	无	待定		
P(5-10)#4	设计、建造、部署和操作下一代太空望远镜	UU风险	UU1	进度/预算压力（1~5级）	无	待定	待定	待定
			P(1)#7	发射太空望远镜	无	待定		
			C(5-10)#6	保持足够的操作望远镜和数据解释的员工	无	待定		
			C(5-10)#5	保持最先进的设施和设备，以支持望远镜的设计、实现和操作	无	待定		
P(5-10)#3	继续操作现有望远镜	UU风险	UU1	进度/预算压力（1~5级）	无	待定	待定	待定
			UU2	监督和沟通的质量（1~5级）	无	待定		

续表

目标编号	目标描述	情景类型	先行指标编号或联目标编号	先行指标描述或关联目标描述	综合指标	UU先行指标关注程度或关联目标的UU累积风险	目标的累积UU风险	汇总依据
E(>10)#2	吸引高技能员工，培养创新的工作环境，并提供所需的设施、工具和服务	UU风险	*UU1*	进度/预算压力（1~5级）	无	待定	待定	待定
			UU2	监督和沟通的质量（1~5级）	无	待定		
			C(5-10)#6	保持足够的干部……望远镜的操作和数据的解释	无	待定		
			C(5-10)#5	保持最先进的设施的设计、支持望远镜的设计，实现和操作	无	待定		
			P(5-10)#4	*设计、建造、部署和操作下一代望远镜	无	待定		
			P(5-10)#3	继续操作现有望远镜	无	待定		
E(>10)#1	探索宇宙是如何运作的，探索它是如何开始和演化的，并在其他恒星周围的行星上寻找生命	UU风险	*UU1*	进度/预算压力（1~5级）	无	待定	待定	待定
			C(5-10)#6	监督和沟通的质量（1~5级）	无	待定		
			P(5-10)#4	保持足够的员工……望远镜的操作和数据和操作的解释	无	待定		
			P(5-10)#3	设计、建造、部署和操作下一代望远镜继续操作现有望远镜	无	待定		

注：斜体字表示先行指标的重复实例；星号（*）表示次级关系。

"待定"单元格图例

-1 绿色风险：可容忍
-2 黄色风险：微小
-3 红色风险：不可容忍

4.7 识别风险和机会驱动因素、应对和内部控制措施的示例模板

4.7.1 风险和机会驱动因素识别模板

如 3.6.1 节所述，风险驱动因素导致一个或多个顶层组织目标的累积风险的颜色，从绿色变为黄色或红色，或从黄色变为红色。风险因素可能包括偏离事件、偏离事件的根本原因、先行指标、未受保护的关键假设、内部控制措施的缺陷或影响实现目标风险的其他因素的组合。类似地，机会驱动因素可以是机会因素/元素的任何组合，这些组合共同导致一个或多个顶层组织目标的累积机会改变颜色。正如已经定义的，风险或机会驱动因素构成了对累积风险或机会产生影响的主要因素的详细解决方案。因此，它们适于确定风险缓解措施、机会行动和内部控制措施。

如 3.6.2 节所述，风险或机会情景驱动因素，是导致一个或多个顶层目标的累积风险或机会改变颜色的任何风险或机会情景的组合。风险和机会情景驱动因素，提供了需要解决的更高层次的视图，因此适合摘要演示。

风险和机会驱动因素识别模板，有助于识别驱动因素（为清楚起见，以下称为成分驱动因素）和情景驱动因素。表 4.14 简要说明了下一代空间望远镜示例的示意图。为组织的每个战略/顶层目标准备类似于表 4.14 的表格。

在表 4.14 中，两个风险情景被识别为目标"发现宇宙如何运行……"的备选风险情景驱动因素。第一个是"未能按时交付制冷机子系统"，这种情景最直接影响交付制冷机子系统的低级目标，但也会通过已知风险汇总模板向上传递到顶层目标。第二个是"没有专业的技术人员进行审查"，这个风险场景未包含在本示例早期的风险分析中，添加到此处是为了特别说明这一点。

如表 4.14 所列，两种风险情景均不会单独导致顶层目标的累积风险颜色由黄色变为绿色，但两种情景组合时则会。

因此，风险情景驱动因素由情景的组合组成。表 4.14 倒数第二列显示了相关的风险驱动因素，或导致累积风险的主要因素。它们是在已知或 UU 风险汇总模板中特别关注的因素，因此必须处理所有这些因素，以便将累积风险降低到可容忍的状态。

表 4.14 风险和机会驱动因素识别模板

目标编号	目标描述	目标的累积关注或有利程度	备选情景驱动因素编号	情景编号	备选情景驱动因素描述	当选驱动因素被移除时,目标或有利程度	适合做驱动因素吗	完成应对所需时间	驱动成分因素编号	驱动成分因素描述	开始应对时的时间范围
E(>1) #1	探索宇宙是如何运作的,探索宇宙是如何起源和演化的,以及寻找其他恒星周围行星上的生命	-2 黄色 微小风险	1	1	制冷机子系统未能按时完成	仍是-2 黄色 微小	否				
			2	2	没有专家技术人员进行审查	仍是-2 黄色 微小	否				
			3	1和2	制冷机子系统未能按时交付,并且没有专家技术人员进行审查	转为-1 绿色 可容忍	是	6个月	1	制冷机交付进度储备	现在
									2	分包商的管理问题	现在
									3	使用钎焊的压缩机性能	现在
									4	冷头组件的防寒真空测试	现在
									5	合格审查人员的跨项竞争	1年
		+3 蓝色 重要机会	4	3	承诺开发新的红外摄像机并展示执行改造任务的能力	+1 米色 不重要	是	5年	6	红外摄像机的技术准备程度	2年
									7	SLS/Orion 对接能力的就绪级别	2年
									8	SLS/Orion 的预测 P(LOC)	2年
									9	一次交会任务可能取消或推迟预测成本	2年
									10	国会可能取消或推迟其他 SLS/Orion 任务	现在

第4章 为绩效评价和战略规划开发和使用 EROM 模板

可能需要注意的是，虽然识别风险驱动因素的示例中没有包括未知和低估（UU）的风险，但如果 UU 汇总模板显示它们是一个很大的关注源，那么没有理由不将它们包括在内。

表 4.14 的下半部分涉及机会驱动因素的识别。在本例中只有一个机会情景，它是一个机会驱动因素，因为删除该情景会导致顶层目标的累积机会颜色从蓝色（重要）更改为米色（不重要）。倒数第二列中显示的机会驱动因素的相关成分，是在机会汇总模板中特别关注的因素。

风险和机会驱动因素识别模板中还指出，在不超过完成应对的可用时间框架下，可启动应对以减轻风险驱动因素，或利用机会驱动因素行动的空余时间。已识别的驱动因素情景的组合、已识别的驱动因素的成分以及对每个成分开始应对的可用时间框架，可以用矩阵进行说明，如图 4.13 和图 4.14 所示。这种形式的展示对于高级演示特别有用。

		目标 E(>10) #1 探索宇宙是如何运作的，探索它是如何开始和演化的，并在其他恒星周围的行星上寻找生命		目标 E(>10) #2 吸引高技能员工，培养创新的工作环境，并提供所需的设施、工具和服务	
		风险驱动因素成分	机会驱动因素成分	风险驱动因素成分	机会驱动因素成分
启动应对或采取行动的时间紧迫性	1 (≤1年)	3a.可能无法按时交付制冷机子系统 3b.可能没有技术专家审查下一代望远镜项目	4.为下一代望远镜安装改良型红外摄像机的可能性		
	2 (1~3年)				
	3 (>3年)				

图 4.13 对风险和机会情景驱动因素及其时间紧迫性的说明

| | | 目标E(>10) #1 | | 目标E(>10) #2 | |
| | | 探索宇宙是如何运作的，探索它是如何开始和演化的，并在其他恒星周围的行星上寻找生命 | | 吸引高技能员工，培养创新的工作环境，并提供所需的设施、工具和服务 | |
		风险驱动因素成分	机会驱动因素成分	风险驱动因素成分	机会驱动因素成分
启动应对或行动的时间紧迫性	1 (≤1年)	1.制冷机交付进度储备 2.分包商的管理问题 3.使用钎焊的压缩机性能 4.冷头组件的真空测试 5.合格审查人员的跨项目竞争	6.新型红外摄像机的技术准备水平 10.国会可以取消或推迟其他SLS/Orion任务以支付改装任务的费用		
	2 (1-3年)		7. SLS/Orion对接能力准备就绪程度 8. SLS/Orion的预测P(LOC) 9.交会任务的预计成本		
	3 (>3年)				

图4.14 对风险和机会成分因素及其时间紧迫性的说明

4.7.2 风险和机会情景可能性和影响评价模板

如2.5.3节和2.5.4节所述，需要根据美国行政管理和预算局（OMB）通告A-123的最新草案，分别评价单个风险和机会情景的可能性和影响。在3.6.3节中，高、中、低表示基于决策者风险容忍度和机会偏好的可能性，以及基于识别风险和机会情景驱动因素的影响。建议的排序标准如表3.3和表3.4所列。表4.15所列的风险和机会情景可能性和影响评价模板提供了实现2.5.3节、2.5.4节和3.6.3节中的方法。

4.7.3 风险缓解、机会行动和内部控制措施识别模板

如3.6.4节所述，识别风险缓解、机会行动和内部控制措施的目的，是找到可行的方法，对在风险和机会汇总过程之后确定的风险和机会驱动因素采取行动。此识别是在风险缓解和内部控制措施识别模板上进行的，如表4.16所列，以下一代空间望远镜作为实例；以及机会行动和内部控制措施识别模板，如表4.17所列，使用相同的实例。前者从风险驱动因素开始，后者从风险和机会驱动因素识别模板中确定的机会驱动因素开始，如表4.14所列。

第4章 为绩效评价和战略规划开发和使用 EROM 模板

表 4.15 风险和机会情景可能性和影响评价模板示例

目标3
目标2
目标1

累积风险： -3 不可容忍　　　累积机会： +3 重要

情景编号	情景描述	情景发生可能性	情景可能性依据	影响的情景驱动因素	情景的影响	情景影响依据
风险情景						
1	未能按时完成制冷机子系统	高	XX	1,2	高	XX
2	没有专家技术人员进行审查	中	XX	1,2,3	高	XX
XX	国会可能会取消资助计划	低	XX	…	低	XX
机会情景						
3	承诺开发新的红外摄像机并演示执行改造任务的能力	中	XX	4,5	高	XX
XX	国会可能会将项目的资金翻倍	低	XX	4	高	XX

119

表 4.16 与"目标 E(>10) #1: 探索宇宙如何运作的"相关的风险缓解和内部控制措施模板示例

顶层目标编号	顶层目标描述	加驱动因素移除后的目标总体风险（关注程度）		驱动/成分编号	驱动成分类型	驱动成分说明	建议的缓解措施	建议措施的依据	内控措施编号	内控措施类型	需要控制的缺陷或需要监视的假设	建议的内控措施
		-1 绿色可容忍风险	-2 黄色微小风险									
E(>10) #1	探索宇宙是如何运作的，探索它是如何开始和演化的，并在其他恒星周围的行星上寻找生命			3/1	风险	制冷机交付进度储备	从任务 X 借调人员	任务 X 的进度储备比需要的充裕	1	假设	从任务 X 转移到制冷机可用的人员具有适用的技能	安排监控任务 X 的进度和成本储备状态，并负责报告状态
									2	假设	适当的人员有权在任务之间调动人员	将调动人员的责任，分配给两项任务都有权限的经理
							如果有必要，批准加班	制冷机开发有充裕的成本储备	3	假设	适当人员有权批准加班	将加班决策提升到适当层级的程序
				3/2	风险	分包商管理问题	加强分包商管理团队	GAO 的评价	4	缺陷	采办方的需求没有得到满足	采办方的质审查和同意分包的决策程序
									5	缺陷	供应商提供最佳管理团队	对绩效不达标的惩罚
							加强对分包商的监督	GAO 的评价	6	缺陷	不稳定和不规则的沟通	定期的进度跟踪报告和进展报告
									7	缺陷	未正确跟踪和解决任务项	分配任务项和监控进展的程序

续表

顶层目标编号	顶层目标描述	目标的总体风险（关注程度）	如驱动因素移除后的目标总体风险	驱动/成分编号	驱动成分类型	驱动成分说明	建议的缓解措施	建议措施的依据	内控措施编号	内控措施类型	需要控制的缺陷或需要监视的假设	建议的内控措施
E(>10)#1	探索宇宙是如何运作的,探索它和演化的,并在其他的恒星周围的行星上寻找生命	−2 黄色微小风险	−1 绿色可容忍风险	3/3	风险	使用钎焊的压缩机性能	添加压缩机至平合的改进钎焊测试	钎焊是一项设计要求,目前的钎焊尚未达到规范要求	8	假设	所需的测试设施在所需时间内可用	将设施分配决策提升到适当层级的程序
				3/4	风险	冷头组件的防寒试验	增加冷头组件的防寒真空试验,使用置换阀	替换阀尚未经过测试	9	假设	所需的测试设施在所需时间内可用	将设施分配决策提升到适当层级的程序
				3/5	风险	合格审查人员的跨项目竞争	建立项目评审优先级	对项层目标影响最大的项目应具有最高的评审优先级	10	假设	适当的人员有权指派合格的审查人员执行最高优先级的任务	将人员分配权赋予有权管理竞争事项目的经理

121

表 4.17 与"目标 E(>10)#1：探索宇宙如何运作的"相关的机会行动和内部控制模板示例

顶层目标编号	顶层目标描述	机会（有利程度）	如驱动因素移除后的机会	驱动/成分编号	驱动成分类型	驱动成分说明	建议的行动措施	建议行动的依据	内控措施编号	内控措施类型	需要控制的缺陷或需要监视的假设	建议的内控措施
E(>10)#1	探索宇宙如何运作的，探索它是如何开始和演化的，并在其他恒星周围的行星上寻找生命	+3 蓝色，重要的机会	+1 米色，不重要的机会	4/6	机会	新型红外热像仪的技术水准备水平	提高新型红外相机研发的优先级	如下描述的科学价值	1	假设	跟踪和报告技术准备水平	红外摄像机技术准备水平进展的跟踪和报告方案
				4/7	机会	准备发射载人任务，用新的高分辨率红外相机改装大空望远镜	提高 SLS/Orion 空间望远镜改装任务的优先级	摄像机的更换将大大提高任务的科学价值，例如增加了解猎物可能性和能量的可能性	2	假设	当新技术出现时，大空望远镜增加成功将增加公众提高其能力的支持	极高的质量控制和质量测试，以确保发射时没有降低科学价值的瑕疵
									3	假设	经济复苏将增势和国在大空望远镜计划的意愿	将经济状况势和公众情绪纳入大空望远镜升级计划的条款
				4/8	衍生风险	改装任务期间的 P(LOC) 超过 P(LOC) 阈值	无	无	4	假设	将对改装任务执行严格的概率风险评估	确保有足够资金执行严格的概率风险评估
									5	假设	未知和低估(UU)风险，将足以避免 P(LOC) 的显著低估	确保严格 P(LOC) 储备与 UU 风险相关的先前经验一致的方案

续表

项层目标编号	项层目标描述	机会（有利程度）	如驱动因素移除后的机会	驱动成分编号	驱动成分类型	驱动成分说明	建议的行动措施	建议行动的依据	内控措施编号	内控措施类型	需要控制的缺陷或需要监视的假设	建议的内控措施
E(>10)#1	探索宇宙是如何运作的，探索它是如何开始和演化的，并在其他恒星周围的行星上寻找生命	+3 蓝色，重要的机会	+1 米色，不重要的机会	4/9	衍生风险	改造任务的成本	无	无	6	假设	UU风险的成本储备将是充足的，以避免严重的成本低估	确保成本储备与UU风险相关的先前经验一致的方案
				4/10	衍生风险	提高空间望远镜更新的优先级，可能导致其他SLS/Orion项目被取消/推迟	无	无	7	假设	国会和公众意识到SLS/Orion计划项目的好处	教育国会和公众了解所有SLS/Orion计划方案处的好方案

对于每一个风险或机会驱动因素，都有一个或多个缓解措施或行动计划对驱动因素作出响应，并且对于每个缓解措施或行动计划，都有一个或多个旨在确保成功的内部控制措施。如果目的是保护在定义缓解措施或行动时做出的假设，则内部控制被标记为"假设"，如果目的是解决当前内部控制中的缺陷，则内部控制标记为"缺陷"。这些建议的缓解、行动和控制纯属假设，仅用于说明目的。

4.7.4 高级显示模板

高级显示模板，如表 4.18 所列，以精简形式展示从上述模板中获得的结果。它还包括针对风险和机会驱动因素的建议风险应对和内部控制措施。表 4.18 中的内容与表 4.7 和表 4.10 以及表 4.16 和表 4.17 中的内容相对应。

4.8 为全组织范围应用 EROM 程序而向上传递的模板

4.8.1 问题的范围

前几节的讨论范围有限，仅涉及 12 个目标，其中两个是时间框架超过 10 年的战略目标，四个是时间框架为 5~10 年的顶层总项目和任务支持目标，四个是时间框架为 1~5 年的长期绩效目标，两个是时间框架小于或等于 1 年的短期绩效目标。相比之下，这只是 NASA 在其 2014 年战略规划和 2015 年绩效管理计划中列出的所有目标当中很小的一部分，所有目标包括 15 个战略目标以及数百个中期和短期绩效目标。对于这种规模的组织，至少可以说，要收集、整理和整合大量的信息是具有挑战性的。

4.8.2 模板的传递

全组织范围 EROM 工作的模板开发和应用，涉及组织中所有单位从下到上的协作参与。每个单位都应有自己的目标层级、单个风险、机会和先行指标。每个单位都应该以一致的方式完成本书中描述的模板，如图 4.15 所示，并将完成的模板传递给组织中的下一个权限级别。组织中的每一个更高级别单位，都应利用其下属组织提供的模板来创建自己的模板集。在此过程中，跨组织沟通（横向和纵向）应自由发生，以便任何一个组织单位生成的模板都是完整的，并且与其他关联单位生成的模板保持一致。

表 4.18 高级显示模板

目标编号	目标描述	目标的风险（关注程度）	机会（有利程度）	驱动因素	建议的应对和内部控制措施	目标的UU风险的关注程度	UU驱动因素	建议的应对和内部控制措施
C(1)#12	为制冷机子系统的开发提供技术支持和专家评审	-1 绿色 可容忍	+1 米色 不重要	无	无	待定	待定	待定
P(1)#11	交付制冷机子系统	-2 黄色 微小	+1 米色 不重要	■ 制冷机进度储备。 ■ 分包商管理问题。 ■ 使用针焊组件的压缩机性能。 ■ 冷头组件的防寒真空测试	■ 资源的重新分配。 ■ 加强项目监督。 ■ 针焊模式测试××。 ■ 冷头总成真空测试××	待定	待定	待定
C(1-5)#10	执行5年的招聘和培训计划	待定	+1 米色 不重要	待定	待定	待定	待定	待定
C(1-5)#9	执行5年的设施计划	待定	+1 米色 不重要	待定	待定	待定	待定	待定
C(1-5)#8	为集成空间望远镜的设计、建造、测试和验证提供技术支持和专家评审	待定	+1 米色 不重要	待定	待定	待定	待定	待定
P(1-5)#7	发射太空望远镜	待定	+1 米色 不重要	待定	待定	待定	待定	待定
C(5-10)#6	保持一支高素质的分析员和实验员队伍，以支持望远镜的设计、实现和运维以及数据的解释	待定	+1 米色 不重要	待定	待定	待定	待定	待定

续表

目标编号	目标描述	目标的风险（关注程度）	机会（有利程度）	驱动因素	建议的应对和内部整制措施	目标的UU风险的关注程度	UU驱动因素	建议的应对和内部控制措施
C(5–10)#5	维护最先进的设施和设备，以支持望远镜的设计、实现和操作	待定	+1 米色 不重要	待定	待定	待定	待定	待定
P(5–10)#4	设计、建造、部署和运维下一代太空望远镜	待定	+1 米色 不重要	待定	待定	待定	待定	待定
P(5–10)#3	继续运维现有望远镜	待定	+1 米色 不重要	待定	待定	待定	待定	待定
E(>10)#2	吸引/提升高技能员工，培养创新的工作环境，提供执行NASA任务所需的设施、工具和服务	待定	+1 米色 不重要	待定	待定	待定	待定	待定
E(>10)#1	探索宇宙是如何运作的，探索宇宙是如何起源和演化的，并寻找其他恒星周围行星上的生命	待定	+2 紫色 微小	■ 公众对结果的热情 ■ 经济状况 ■ P(LOC) ■ 目标风险的其他待定	■ 探索成本节约选项 ■ 目标风险的其他待定	待定	待定	待定

"待定"单元格图例

■ −1 绿色风险：可容忍
■ −2 黄色风险：微小
■ −3 红色风险：不可容忍

第4章 为绩效评价和战略规划开发和使用 EROM 模板

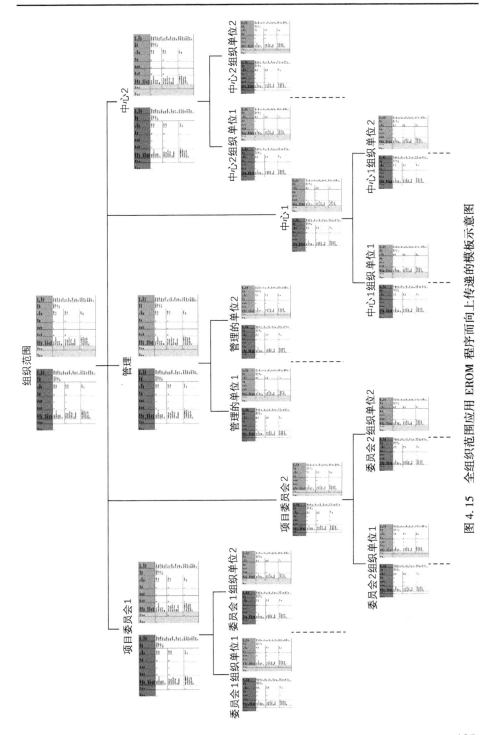

图 4.15 全组织范围应用 EROM 程序而向上传递的模板示意图

显然，这个过程要求所有的组织单位在准备模板时使用相同的格式。使用相同的格式，可确保从分析中收集到的信息可很容易地传递到授权链中。然而，这并不意味着模板中提供的信息，应该仅限于其他单位已经认识到的风险和机会。相反，每个组织单位应创造性地识别影响其目标成功实现可能性的风险和机会。

上一级组织单位收到下级组织单位的模板后，应判断其收到的已完成模板在假设、输入信息的解释、重要联系的识别、总体结论方面是否一致。如果在这些方面存在不一致或误解，则上级单位有义务确定为什么会出现这种情况以及如何解决这些问题。

EROM 分析方案中的顶层级别是组织级别，如图 4.15 所示。组织范围内的模板，代表来自组织中所有实体或单位模板的汇总。组织单位之间在假设、接口、解释和结论方面的任何差异，都应该在组织范围内解决。完成后，组织级别的模板会传递回组织的授权链，以便各个组织单位可以对其进行审查并提供它们的同意或反对意见。

4.8.3　整合 EROM 数据库的开发

各单位准备的模板成为整合数据库的一部分。组织中每个单位存在的风险、机会和先行指标的数据库首先向上整合到总项目委员会、中心和管理层，然后集成到组织范围的整合数据库中。在扩展的组织级别，集成数据库通常应包括风险和机会模板中的信息、每个风险和机会的所有者、所涉及的组织实体、相应的工作组和管理委员会、变更计划、变更历史以及状态。组织范围数据库的开发，有助于确保以集成的方式正确识别、统一分析和处理交叉风险和机会。它还有助于促进将单个风险和机会情景，从较低级别汇总到组织在实现其战略目标的总体可能性的累积视图中。

后面的部分将讨论创建和管理数据库的挑战，该数据库在由内部组织实体和外部合作伙伴组成的扩展组织中，纵向和横向集成风险和机会信息。还将讨论这样做的一些最佳实践。[⑦]

4.9　将模板应用于组织规划和备选方案选择

可以应用前面小节中开发的模板，并对输入进行一些修改，以检查 EROM

第4章 为绩效评价和战略规划开发和使用 EROM 模板

在组织战略和绩效规划中的作用。在这个应用过程中，组织关注于其处于概念阶段的各种备选总项目、项目、活动和方案的顶层目标的实现可能性。在最终开展的系统开发、制造、测试、部署和运维中，可能没有详细的设计，同样也没有直接的经验。

应用于组织规划的模板形式可与组织绩效评价模板的形式相同，但模板的条目需要在以下方面有所不同：

（1）任何风险、机会、先行指标和相关的触发值，都必须从相关系统的历史经验、待执行任务的专家判断，及其带来的挑战来推断，而不是根据待使用实际系统的实时经验。

（2）在大多数情况下，短期目标（例如，时间框架为一年或更短的目标）不适用，因为它们往往与定义良好的设计产生的里程碑有关。

例如，考虑一下，如果 JWST 项目处于概念阶段且尚未启动，那么模板条目中将包含什么内容。在美国政府问责局（GAO）报告中被强调的 JWST 挑战，和 4.2 节中提到的其他来源还尚未确定。识别下一代太空望远镜的风险和机会的基本信息，将来自已经发射并运行的 HST 系统的经验。表 4.2 中与制冷机子系统的开发和交付有关的风险，可能不会出现在风险和机会识别模板中，因为下一代望远镜的设计，可能还没有足够详细的信息来确定，下一代制冷机子系统必须完全不同于以前的制冷机子系统。与成本和进度储备短缺相关的领先指标的潜在状态，必须在没有 JWST 项目任何直接信息的情况下进行推断，而且是根据 HST 经验和下一代任务的预期总体复杂性进行推断。

根据这些观察结果，表 4.19 展示了如果正在考虑将下一代望远镜纳入组织的项目组合，但尚未超过概念阶段，风险和机会汇总模板中的条目可能出现的方式。与制冷机子系统相关的短期（1 年）目标相关的条目不再存在，与整个系统的成本和进度储备相关的条目是基于 HST 项目的推断（见表 4.19 中突出显示的条目）。

表 4.2~表 4.18 中显示的其他模板也将进行类似的修改。

表 4.19 用于组织规划期间的备选方案选择，下一代太空望远镜风险汇总模板示例

目标编号	目标描述	情景类型	先行指标编号或关联目标编号	先行指标描述或关联目标	综合指标	先行指标关注程度或关联目标的累积风险	目标的累积风险	汇总依据
C(1-5)#10	实施 5 年的招聘培训计划	风险	5	合格的光学分析测试专家退休人数	无	待定	待定	待定
			6	合格的综合光学分析测试专家退休人数	无	待定		
			7	合格的光学分析测试应届毕业生人数	无	待定		
			8	竞争最新近况的光学毕业生，例如从军方	无	待定		
C(1-5)#9	实施 5 年的设施计划	风险	9	HST 经历的重大设计修改数量	无	待定	待定	待定
			10	设计的复杂性	无	待定		
			11	集成测试的复杂性	无	待定		
C(1-5)#8	为集成空间望远镜的设计、建造、测试和验证提供技术支持和专家评审	风险	C(1)#12	为制冷机系统的设计提供技术支持和专家评审	无	待定	待定	待定
			C(1-5)#10	执行 5 年的招聘和培训计划	无	待定		
			C(1-5)#9	执行 5 年设施计划	无	待定		
P(1-5)#7	发射太空望远镜	风险	10	设计的复杂性（等级 1~5）	无	待定	待定	待定
			11	集成和测试的复杂性（等级 1~5）	无	待定		
			12	HST 所需的成本储备	无	待定		
			13	HST 所需的进度储备	无	待定		
			P(1)#11	交付制冷机子系统	无	待定		
C(5-10)#5	保持足够的员工……以支持操作望远镜和解释数据	风险	C(1-5)#10	实施 5 年的招聘培训计划	无	待定	待定	待定

续表

目标编号	目标描述	情景类型	先行指标编号或关联目标编号	先行指标描述或关联目标	综合指标	先行指标关注程度或关联目标的累积风险	目标的累积风险	汇总依据
C(5~10)#5	保持最先进的设施和设备……以支持望远镜的设计、实现和操作	风险	C(1~5)#9	实施5年的设施计划	无	待定	待定	待定
P(5~10)#4	设计、建造、部署和运维下一代大空望远镜	风险	11	集成和测试的复杂性（等级1~5）	无	待定	待定	待定
			14	在HST开发过程中遇到的与性能相关的重大意外因难的数量	无	待定		
			P(1~5)#7	发射大空望远镜	无	待定	待定	待定
			C(5~10)#6	保持足够的员工……支持……望远镜的操作和数据的解释	无	待定		
			C(5~10)#5	维护最先进的设施和设备，以支持望远镜的设计、实现和操作	无	待定		
P(5~10)#3	继续运维现有望远镜	风险	无	无	无	待定	待定	待定
E(>10)#2	吸引高技能员工，培养创新的工作环境，并提供所需的设施、工具和服务	风险	12	HST所需的成本储备	无	待定	待定	待定
			13	HST所需的进度储备	无	待定		
			15	国会对新型大空望远镜的支持水平（等级1~5）	无	待定		
			16	国会对现有项目的支持水平（等级1~5）	无	待定		
			17	通过S/W加载可获得的搜索扩展程度	无	待定		
			C(5~10)#6	保持足够的员工……支持……来支持望远镜的操作和数据的解释	无	待定		
			C(5~10)#5	维护最先进的设施和设备，以支持望远镜的设计、实现和操作	无	待定		
			P(5~10)#4	设计、建造、部署和运维下一代望远镜	无	待定		
			P(5~10)#3	继续运维现有望远镜	无	待定		

续表

目标编号	目标描述	情景类型	先行指标编号或关联目标编号	先行指标描述或关联目标	综合指标	先行指标关注程度或关联目标的累积风险	目标的累积风险	汇总依据
E(>10)#1	探索宇宙是如何运作的，探索宇宙是如何起源和演化的，并寻找其他恒星周围行星上的生命	风险	10	设计的复杂性（等级1~5）	无	待定	待定	待定
			11	集成和测试的复杂性（等级1~5）	无	待定		
			12	*HST 所需的成本储备*	无	待定		
			13	*HST 所需的进度储备*	无	待定		
			C(5-10)#6	国会对新型大空望远镜的支持水平（等级1~5）	无	待定		
			P(5-10)#4	国会对现有项目的支持水平（等级1~5）	无	待定		
			P(5-10)#3	*保持足够的员工……未支持……望远镜的操作和数据的解释* *设计、建造、部署和运维下一代望远镜* *继续运维现有的望远镜*	无	待定		

注：斜体表示重复出现的先行指标；星号（*）表示次级关系；粗体/放大表示哈勃望远镜的先例。

"待定"单元格图例

-1 绿色风险：可容忍
-2 黄色风险：微小
-3 红色风险：不可容忍

注 释

① 商业 TRIO 企业的其他模板将在第 6 章展开。

② 除了在项目列符号引用的消息来源外，喷气推进实验室（JPL）于 2010 年 10 月发表了"詹姆斯·韦伯空间望远镜（JWST）独立综合审查小组最终报告"，JPLD-67250。该报告提供了有关进度和成本超支的根本原因信息，尤其是与 2010 年时间框架内 NASA 总部和戈达德太空飞行中心相关的信息。特别强调了与制定切合实际的预算相关的问题。NASA 管理层在"NASA 对詹姆斯·韦伯太空望远镜独立综合审查小组报告的详细回应"中，对报告中的建议作出了回应，该报告目前可在网络上获得。

③ 在 NASA 中被称为"任务委员会"和"中心"的组织单位，相当于本书中其他地方关于 TRIO 企业的"项目委员会"和"技术中心"。

④ 在 4.6.1 节中，图 4.4 中目标之间的一些额外的跨组织关联，将被识别并包含在演示的开发中。

⑤ 导致此类结果的汇总过程的演示将在 4.6.5 节中介绍。

⑥ 这将在 4.6.4 节中出现。

⑦ 这将在 5.2.4 节中完成。

参 考 文 献

Foust, Jeff. 2014. "NASAFacing New Space Science Cuts." (May 31). http：//news. nationalge - ographic. com/news/2014/05/140530-space-politics-planetary-science-funding-exploration/.

Government Accountability Offce (GAO). 2014b. GAO-15-100, Report to Con-gressional Committees, "James Webb Space Telescope：Project Facing Increased Schedule Risk with Signifcant Work Remaining." Washington, DC. Govern - ment Accountability Offce (December). http：//www. gao. gov/assets/670/667526. pdf.

Harwood, William. 2009. "The History of Hubble：A Grand Space Telescope." Spacefight-Now. com (May 9).

HubbleSite. org, 2016. "Team Hubble：Servicing Missions." http：//hubblesite. org/the _ telescope/team_hubble/servicing_missions. php.

Leone, Dan. 2014. "Manufacturing Issues Plague James Webb Space Telescope." SpaceNews (November 14).

National Aeronautics and Space Administration (NASA). 2009. "Hubble Space Telescope Servicing Mission 4." http：//www. NASA. gov/mission _ pages/hubble/servicing/SM4/main/

Summary_FS_HTML. html.

National Aeronautics and Space Administration (NASA). 2014c. FY 2014 Annual Performance Report and FY 2016 Annual Performance Plan. Washington, DC. National Aeronautics Space Administration, http://www. nasa. gov/sites/default/fles/atoms/fles/fy14_apr-fy16_app. pdf.

National Aeronautics and Space Administration (NASA). 2016b. "Explore James Webb Space Telescope." www. jwst. NASA. gov.

第 5 章　机构/技术层面（技术中心或委员会）的 EROM 管理和实施

5.1　从技术中心的角度看 EROM

如 1.1.7 节所述，只要每个管理单位的目标与整个组织的目标一致，并且交叉的风险和机会得到一致处理，EROM 就可以分别应用于 TRIO 企业中的各个管理单位。由于技术中心或技术委员会的顶层目标源于 TRIO 企业的战略目标，因此在中心角色与企业职责相一致的所有领域中，中心的顶层目标与企业的目标是一致的。

为了支持 TRIO 企业的战略目标，技术中心可能具备多个角色。他们可以担任项目委员会分配给他们的总项目和项目经理；当另一个技术中心承担管理职责时，可以作为总项目和项目的贡献者、作为支持总项目和项目所需的核心能力的持有者；作为管理层授权的其他核心能力的持有者，作为联邦政府等其他实体向企业提出的特殊需求的支持机构。他们也可以作为一个扩展组织的集成商和仲裁者，该扩展组织包括其他技术中心、主承包商、其他商业供应商、大学合作伙伴和国际合作伙伴。此外，如图 2.5 所示，执行技术中心的计划，包括开发和管理员工，维护必要的设施和淘汰不需要的设施，采办服务和材料，并在适当的时候将任务分配给合作机构和相应公司。第 5 章在制定机构/技术层面（即技术中心）的 EROM 实施指南时重点关注这些领域。

EROM 在技术中心层面的具体目标，随着中心角色的变化而变化。例如，当技术中心履行其作为总项目和项目经理的职责时，EROM 的主要目标是整合参与总项目/项目的多个组织发现的风险和机会，确保它们在整个总项目/项目和整个中心得到一致的处理，考虑到交叉风险和机会，从较低层次到较高层次适当地汇总各个风险和机会情景的贡献，协调风险缓解和机会利用等应对措施。另外，当它作为核心能力的持有者发挥作用时，主要的 EROM 目标是其主要的机构目标：优化技术中心可用的各种资产的获取、分配和淘汰，包括人力资源（劳动力）、实物资产（设施、设备、系统和软件）和指导性资产（政策、要求、标准和指南）。

5.2 扩展企业和技术中心的扩展组织

5.2.1 概述

第4章中使用的是一个涉及多个合作伙伴或实体且职责重叠项目的实例。这些实体的集成称为扩展企业，因为除了对同一个项目作出贡献外，每个实体都是具有自己的战略目标和绩效需求的独立企业。例如，考虑 NASA JWST 项目的扩展企业，如表 5.1 所列。管理该项目的中心（戈达德太空飞行中心）必须以满足 TRIO 企业（NASA）战略目标的方式与扩展企业进行沟通，同时尊重每个参与实体的战略目标。扩展企业中的其他技术中心（表 5.1）也必须与它们衔接的其他实体进行沟通。

表 5.1 JWST 项目内主要实体的职责分配（来源：NASA，2016c）

实体	职 责
NASA 中心：	
Goddard（戈达德太空飞行中心）	管理 JWST 项目并提供集成科学仪器模块（ISIM）组件
JPL（喷气推进实验室）	管理中红外仪器
Ames（艾姆斯研究中心）	开发探测器技术
Johnson（约翰逊航天中心）	提供天文台测试设施
Marshall（马歇尔飞行中心）	镜面技术开发与环境研究
Glenn（格伦研究中心）	低温组件开发
业界伙伴：	
NGC（诺斯罗普·格鲁曼公司）	主承包商
Ball Aerospace（巴尔航天公司）	负责制作镜面
COM DEV International（康姆国际公司）	负责制作精确制导传感器（FGS）
学术伙伴：	
空间望远镜科学研究所	约翰·霍普金斯大学科学与运营中心
亚利桑那大学	负责建造近红外摄像机
国际合作伙伴：	
欧洲航天局（ESA）	提供近红外光谱仪、中红外仪器光学组件和阿丽亚娜运载火箭
加拿大航天局（CSA）	提供精细制导传感器/近红外成像仪和无缝隙光谱仪

通常，每个技术中心都以经理或贡献者的身份参与许多总项目和项目，因此有责任与大量扩展企业进行沟通，如图 5.1 所示。为方便起见，我们将与技术中心交互的所有扩展企业的实体集合称为中心的"扩展组织"。技术中心的

第5章 机构/技术层面（技术中心或委员会）的 EROM 管理和实施

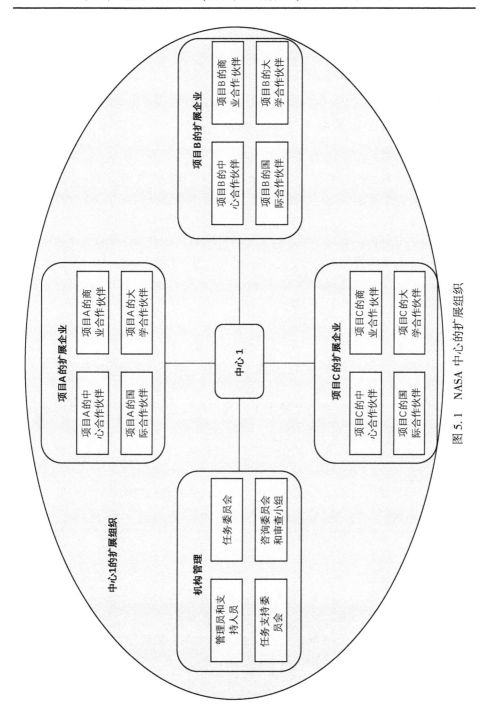

图 5.1 NASA 中心的扩展组织

扩展组织，不仅包括与中心在项目规划和执行方面进行交互的扩展企业中的实体，还包括为中心提供指导和管理支持的 TRIO 企业管理部门中的实体。

这种扩展组织工作的成功，取决于沟通协议的建立，该协议促进实体间方法的一致性，共享信息，同时保护专有信息，以及产品的无缝集成。

5.2.2 每个技术中心与中心的扩展组织中其他实体的关系

在其多重角色中，TRIO 企业中的每个技术中心都作为自己的企业，有自己要实现的一套目标，作为该中心扩展组织中其他实体的风险和机会信息的集成者，并作为扩展企业的一个组成部分，负责帮助确保实现 TRIO 企业的战略目标。

这些多重角色在图 5.2 中进行了示意性说明，其中 NASA 的战略目标被作为每个中心支持的管理层目标的示例。图中，管理层的战略目标分为三类：

（1）那些主要是大纲性质的目标，由任务委员会（项目委员会）分配给中心。

（2）那些在本质上更具机构性的目标，由 NASA 管理者指定在中心和任务支持委员会内进行管理。

（3）联邦政府所有机构都需要追求的目标，通常在管理层（NASA 管理部门）进行管理。

相应地，TRIO 企业中每个技术中心的目标可以分为三类，以对应更高级别战略目标的类别：

（1）支持分配给技术中心的特定总项目和项目，为 TRIO 企业的使命和任务服务。

（2）提供维持技术中心核心竞争力所需的额外机构能力。

（3）支持联邦政府或其他来源要求的任务。

与这些目标类型相关联的风险、机会和先行指标，往往贯穿每个技术中心的扩展组织。图 5.2 的下半部分说明了这些交叉方面，该图描述了中心扩展组织的输入，这些输入需要在中心内进行风险和机会的汇总。这些风险和机会输入可分为以下几类：

（1）技术中心独有的单个风险情景、机会情景和相关先行指标。

（2）不仅影响相关的技术中心，而且影响中心扩展组织中其他实体的单个风险情景、机会情景以及相关的先行指标。

（3）技术中心所独有的目标总体风险和机会。

（4）源自或与中心扩展组织中的其他实体共享的目标总体风险和机会。

第5章 机构/技术层面（技术中心或委员会）的EROM管理和实施

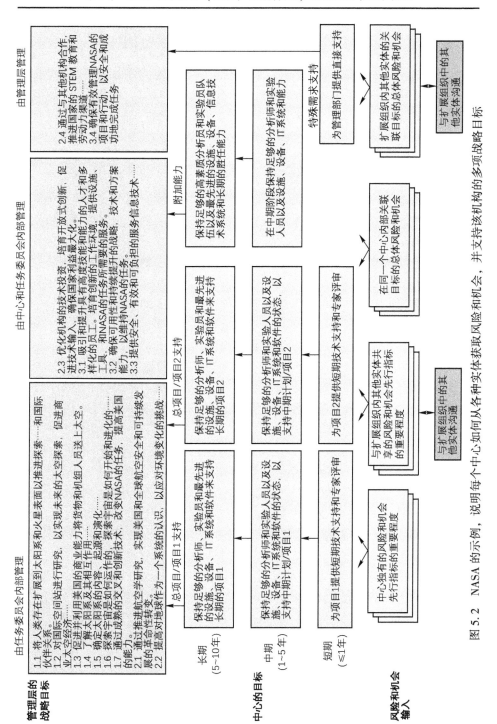

图 5.2 NASA 的示例，说明每个中心如何从各种实体获取风险和机会，并支持该机构的多项战略目标

5.2.3 技术中心的扩展企业的 EROM 组织结构

经验表明，要在拥有多个合作伙伴的企业中成功地实施 EROM，每个扩展企业都需要建立一个 EROM 团队，该团队准备总体风险管理计划，并监督风险和机会的管理（Holzer，2006）。扩展企业级团队负责识别跨实体间的接口（即技术中心、承包商和其他合作伙伴之间）和/或这些接口产生的风险，并进行初步分析，以评估可能性和潜在影响，以及分配主要的管理责任。当关联或交叉风险，源于扩展企业内特定实体的作为或不作为时，管理责任通常首先分配给该实体。如果该实体缺乏对风险采取行动的权限，则该实体将被提升到权限链中的更高级别。通常，如果解决风险的程序需要在总项目或项目级别采取行动，则在总项目或项目级别分配风险管理责任。此后，EROM 团队监控处置过程，这可能涉及改进现有内部控制、建立新的内部控制或制定和实施缓解计划。

为了确定和监控关联和交叉的风险和机会，EROM 团队可以建立不同的小组。小组的数量或它们的特定名称并不那么重要。重要的是，它们彼此之间的责任得到明确界定，它们运作的进度得到协调。

例如，可能为每个组织单位、每个总项目/项目、每个技术中心建立单独的工作组和管理委员会，如图 5.3 所示。每个实体的风险和机会（R-O）工作组将负责识别、分析和建议控制和缓解措施，以减少与实体在扩展企业中目标的相关风险。他们会定期与相应的 R-O 管理委员会会面，分享影响实体的风险和机会，并审查管理委员会如何应对这些问题的决定。他们还将在总项目/项目组织的定期会议上与扩展企业中其他实体的工作组会面，以讨论和评估共同关心的风险和机会。虽然图中没有具体显示，但当需要以临时方式讨论技术问题时，不同实体的工作组也可能会在预定会议之间进行非正式沟通。

每个实体的 R-O 管理委员会，将负责对实体的 R-O 工作组识别和报告的风险和机会进行优先排序，确定所需的应对类型，分配管理责任，监控进展和批准状态变化。典型的风险应对包括：①接受并监控；②添加控制；③缓解；④关闭。状态的变化通常涉及从一种应对到另一种应对，并可能涉及升级应对（例如，从接受、监控到缓解）或降级应对（例如，从接受、监控到关闭）。他们还将定期与其他实体的管理委员会举行会议，定期会议由总项目/项目组织，以协调和判断共同关心的风险和机会。

技术中心除了管理分配给它的扩展企业外，还有其他职责，包括为其他总项目和项目作出贡献，执行指定的机构计划以保持其核心能力，以及与其他对扩展企业具有类似职责的技术中心、将总项目/项目责任分配给技术中心的项

第5章 机构/技术层面（技术中心或委员会）的 EROM 管理和实施

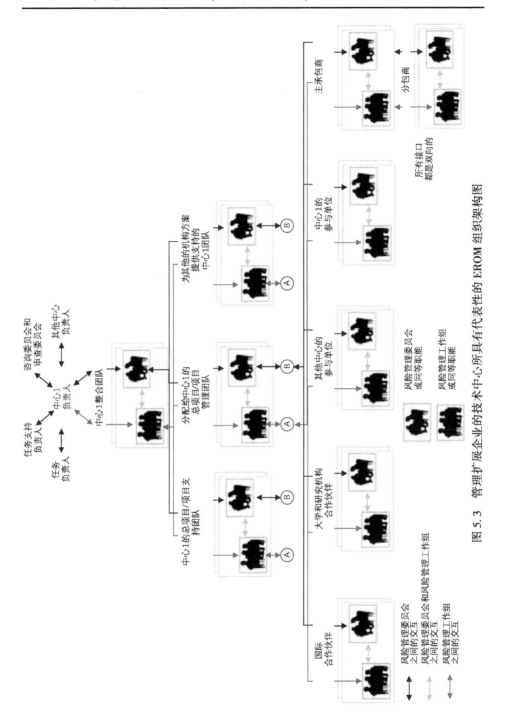

图 5.3 管理扩展企业的技术中心所具有代表性的 EROM 组织架构图

目委员会、在管理层面进行机构监督的委员会，以及在管理层面提供评价职能的咨询委员会和审查委员会进行沟通。这些关系如图 5.3 所示。

EROM 框架的主要目标，是让所有实体通过在工作组中拥有技术代表和/或在管理委员会中拥有管理代表来参与 EROM 过程，这一点怎么强调都不过分。这一深远的意图，对于获得扩展企业内所有组织都需要的认可是必要的。

5.2.4 创建与管理整合数据库的挑战

正如 4.8.3 节所讨论的，只要需要在实体之间进行 EROM 监督和沟通，就需要一个整合的数据库，该数据库包含这些实体之间的 EROM 信息。在扩展企业级别时，整合数据库通常应该包括风险和机会模板中的信息、每个风险和机会的所有者、所涉及的组织实体、相应的工作组和管理委员会、变更计划、变更历史以及状态。

虽然理想情况下，扩展企业的整合数据库应该为所有参与实体获取所有风险和机会，但一些实体可能已经建立了他们不想放弃的风险管理程序和数据库。为了便于接受这一过程，可能必须对完全整合的数据库原则进行例外处理。例如，因为没有网络连接，某些实体可能需要它们自己的数据库版本。他们可能需要定期（可能每周）提供其数据库更新的副本，以便上传到主数据库中。其他实体可能担心专有信息，并且不希望让所有参与者都可以使用它们的所有数据。可以确定的是，它们可以维护自己的独立数据库，只要这些实体将风险和机会输入到主数据库中，这些风险和机会可能会降低总项目/项目级别的能力绩效。这些实体通过访问主数据库就可以了解其风险和机会数据对扩展企业的影响。

由于企业风险和机会的交叉性，还需要在组织的更高级别集成 EROM 信息的精简汇总数据库。例如，应该有一个技术中心级别的数据存储库，涵盖中心的扩展组织内跨扩展企业 EROM 的各方面。同样，在管理层也应该有一个数据存储库，涵盖跨越技术中心、项目委员会、支持委员会和管理委员会的 EROM 各方面。

5.3 基于 EROM 的跨技术中心扩展组织资源预算

5.3.1 基于目标的人力、实物和指导性资产分配

EROM 的一个重要功能，是在其机构的运作模式中，协助每个技术中心对整个扩展组织的关键资源进行预算。如图 5.4 所示，预算中的关键资源，包括

第5章 机构/技术层面（技术中心或委员会）的 EROM 管理和实施

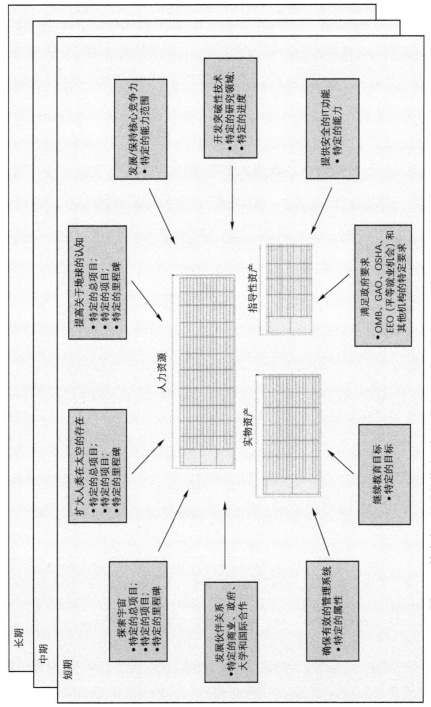

图 5.4 技术中心继承的战略目标的成功，取决于该中心可用资源的"适当规模"（NASA 的示例）

人力资源（在不同技能领域受过培训和有经验的人员）、实物资产（支持设施、IT系统、其他系统、设备和软件）和指导性资产（支持政策、需求、标准和指导文件）。预算涉及的不仅仅是成本。除了满足成本约束之外，这些战略目标是由技术中心继承的，资产和资源的最终分配必须反映 TRIO 企业战略目标的意图，包括：支持战略目标的总项目和项目的成功执行，维持特定战略领域的核心竞争力，促进战略伙伴关系，并通过战略教育计划与公众分享。实现这种资产战略分配的工具既有定量的，也有定性的。

5.3.2 所分配资产的配置的典型模板

表 5.2 中提供了可用于展示所分配资产的配置的典型模板。这些模板包括当前和预计的配置。假设当前计划得到实施，预计配置是指在近期（约 1 年）、中期（约 5 年）、长期（约 10 年）的资产分配预测。表 5.2 中的具体条目在以下三个小节当中讨论。

1. 人力资源（劳动力）分配

任何组织（无论是技术中心扩展组织中的实体，还是扩展组织本身）的成功都取决于雇用和维持熟练劳动力的能力。由于技术中心继承的若干战略目标涉及通过与其他国内机构、商业企业、大学和国际机构建立伙伴关系来实现劳动力多样化，因此有必要在所有参与其中的实体中保持适当的技能。要维持的特殊技能，必须与技术中心正在管理或参与的总项目和项目的需求，以及技术中心需要保持的额外核心能力相匹配。

表 5.2（a）从概念上说明了评价技术中心扩展组织中员工状况所需的信息类型。它包括每个需要的技能领域，每个作出贡献的实体所需要的不同技能水平和经验丰富的人员（EP）的数量。例如，1~5 级的技能等级名称可解释如下（典型的行业标准）：

5——领域专家，通常是领域领先，了解系统的各个方面，具有丰富的实践经验。

4——领域资深成员，在大多数方面知识渊博，领导项目，必要时代替领域领先者，做事主动的人，理解系统的大部分或全部内容，具有高度的实践经验。

3——领域的初级成员，拥有特定的职责领域，需要不断的指导，分配任务后自给自足，负责某些零部件的工程师，具有系统的一般知识。

2——学徒，经验最少，但在已尝试过的领域表现出能力，不单独工作，理解系统的关键方面，具有一些实践经验。

第5章 机构/技术层面（技术中心或委员会）的EROM管理和实施

表 5.2 人力资源（劳动力）、实物和指导性资产分配模板

长期

中期

短期

(a) 当期和预计的员工

涉及的组织实体	技能领域	技能水平	当前可用的EP数量	特定期限内预计的EP数量
扩展组织中的所有实体	区域1（例如，动力设计）	所有	XX	待定
		3, 4 和 5	XX	待定
		5	XX	待定
	区域2（例如，信息科技）	所有	XX	待定
		3, 4 和 5	XX	待定
		5	XX	待定
	等等			
中心1（重点）	技能领域和技能水平的相同细分			

(b) 当期和预计的实物资产

涉及的组织实体	运营能力指标	支持领域	支持资产	相对中心1目标的当前能力	相对中心1目标的预期能力
扩展组织中的所有实体	能力	区域1（例如，动力测试）	设施 #1	XX	XX
			系统 #1	XX	XX
			设备 #1	XX	XX
			软件 #1	XX	XX
		区域2（例如，信息科技）	设施 #2	XX	XX
			系统 #2	XX	XX
			设备 #2	XX	XX
			软件 #2	XX	XX
	可用性	区域1（例如，动力测试）	设施 #3	XX	XX
			系统 #3	XX	XX
			设备 #3	XX	XX
			软件 #3	XX	XX
		区域2（例如，信息科技）	设施 #4	XX	XX
			系统 #4	XX	XX
			设备 #4	XX	XX
			软件 #4	XX	XX
	等等				
中心1（重点）	运营能力指标、支持领域和支持资产的相同细分				

(c) 当期和预计的指导性资产

参与实体	指导领域	指导资产	当前与中心1目标相关的内容	特定期限内的预计内容
扩展组织中的所有实体	区域1（例如，采办管理）	政策指令 #1	XX	待定
		程序要求文件 #1	XX	待定
		标准 #1	XX	待定
		指南 #1	XX	待定
	区域2（例如，平等机会）	政策指令 #2	XX	待定
		程序要求文件 #2	XX	待定
		标准 #2	XX	待定
		指南 #12	XX	待定
	等等			
中心1（重点）	运营能力指标、支持领域和支持资产的相同细分			

(d) 实体示例

涉及的组织实体	
中心1（重点）	承包商1（现场）
中心2（其他中心）	承包商2（现场）
中心3（其他中心）	承包商3（场外）
中心4（其他中心）	承包商4（场外）
等等	合作大学1
	合作大学1
	国际合作伙伴1
	国际合作伙伴2

如（d）中列举的

1——新人，承担入门级的任务，最小的贡献，了解系统的基本工作原理，实践经验有限。

技能领域、技能水平和贡献的组织实体的每个组合，在本书中称为人力资源类别。

2. 实物资产分配

由于 TRIO 企业的战略目标既包括企业目标（总项目和项目），也包括联邦机构的国家政策目标（例如，TRIO 企业的商业、教育和国际合作伙伴的利益），因此，不仅需要在整个扩展组织中以整体方式考虑劳动力分配，而且还需要考虑实物资产的分配和利用。如前所述，当前环境中的实物资产包括支持设施（包括测试设施）、IT 和其他系统、设备和软件。

表 5.2（b）从概念上说明了评估技术中心扩展组织内实物资产状态所需的信息类型。它包括用于满足技术中心目标的每项资产的能力和可用性，根据其所处的支持领域和拥有它的实体进行划分。

本模板中的能力和可用性说明，以文字形式而非数字形式表示（尽管文字说明中可能包含数字信息）。这与人力资源配置中 EP 的规定不同，后者是严格数字化的。能力和可用性这两个术语都是为了满足技术中心的目标而专门引用的。例如，如果用于技术中心的推进试验设施仅用于测试满负荷系统，则其测试小型部件的能力不属于相关能力。同样，除技术中心及其扩展组织所需用途外，推进试验设施的可用性不相关，无须跟踪。在很大意义上，对实物资产的能力和可用性的描述，相当于对其满足技术中心的性能和可用性要求的能力陈述。

3. 指导性资产分配

由于 TRIO 企业的任务是可变的，其实现目标的手段也会不时发生变化（例如，由于其任务的复杂性增加或出现突破性技术进步），其指导性文件经常需要更新或取代。类似地，与 TRIO 企业合作的实体的指导文件可能需要修改或替换，以符合 TRIO 企业的政策和要求，而 TRIO 企业的职责之一是审核合作伙伴指导性文件的内容。如前所述，指导文件包括政策指示、程序要求、标准和指导文件。

表 5.2（c）从概念上说明了"描述与中心的运营及其合作伙伴的运营相关的指导性资产状态"所需的信息。它包括在短期、中期和长期的各个指导领域的文件所需要的内容。同样，内容是文字表达而不是数字表达的，只需要在模板中输入与技术中心目标相关的内容。

5.3.3 资产的风险、机会和风险/机会情景说明

除了与成功执行被指定给技术中心的总项目和项目相关的风险和机会之外，还有与中心的人力、实物和指导性资产以及保持其法定核心能力的义务相关的单独类别的风险和机会。在全面评估技术中心是否正在实现其所有目标时，必须考虑这两种类型的风险。

未来资产短缺和失衡的风险可能有各种来源。例如，以下是可能导致员工过早离职而影响劳动力可用性的风险列表：

（1）如果资金被削减或项目提前退出，则人们可能会寻找更稳定的工作。

（2）如果一个项目超出其计划的时间范围，则退休的影响可能会变得更加重要。

（3）如果内部对合格人员的竞争加剧，则人们可能会跳槽到其他组织以增加他们的机会。

（4）如果市场对合格人才的竞争加剧，则人们可能会接受其他薪酬更高的公司的职位。

（5）如果当地经济状况恶化，则人们可能会搬到该国的其他地方。

（6）如果承包商或合作伙伴出现财务问题，则该实体可能无法维持其员工队伍。

（7）如果要求人们连续工作更长时间，则人们可能会寻求压力较小的职位。

其他风险通过增加实现技术中心目标所需的合格人员的数量来影响劳动力的可用性。例如：

（1）如果国内或国际政治优先事项要求加快进度或扩大目标范围，则可能需要更多合格人员。

（2）如果项目中的一项重要任务由于意外困难而落后于进度，那么可能需要增加对该任务的人员分配，以使其再次按时完成。

还有一些事件可能会带来与工作相关的机会。例如：

（1）如果由于有利的经济条件而增加资金支持，则有可能通过提供更高的工资或其他金钱奖励来吸引资历高的人。

（2）如果对合格人才的市场竞争减少，则可以在不提供更高的工资或其他金钱奖励的情况下吸引合格人才。

可能影响实物资产和指导性资产可用性的风险包括：

（1）如果一个设施因事故、故障或监督机构的要求而不得不意外关闭，则其对技术中心的可用性可能会消失。

（2）如果另一个需要使用该设施的项目突然获得国家高度重视，则可供技术中心使用的设施的可用性可能会下降。

（3）如果 TRIO 企业的总项目或项目之一发生灾难性事故，则 TRIO 企业的政策和程序要求可能必须更改，以响应随后的审查委员会的调查结果。

（4）如果一项革命性的新技术能够提供以前认为不可能的新机会，那么 TRIO 企业的标准和指南可能必须重写以适应新技术。

显然，最后一项包括了风险和机会，因为虽然有可能需要重写指导文件的风险，导致成本和/或对进度影响的增加，但同时存在实现改进技术的机会。

对于资产的风险和机会，有必要扩展 3.4.2 节中介绍的风险和机会情景描述的结构，以包括风险或机会对扩展组织中资产影响的信息。以下是一种特殊形式的风险/机会情景说明，符合通用格式，但具体适用于影响技术中心扩展组织内资产的风险和机会：

鉴于（一组特定的当前条件和当前/预计趋势）

……有可能（某一特定的偏离事件或一组偏离事件）发生；

……影响 [（设想或要求）特定的人力、实物和/或指导性资产的可用性、能力和/或内容]；

……引起显著的（减少或增加）；

……中心能够达到（特定中心目标或一组目标）的可能性。

这种风险/机会情景描述承认，偏离事件可以通过多种方式影响技术中心扩展组织的人力、实务和/或指导性资产的可用性。例如，事件可能导致以下方面的积极或消极变化：

（1）扩展组织可用的各种人员类别的有经验的人员数量。

（2）为满足技术中心的目标，扩展组织在各种人员类别中需要的经验丰富的人员数量。

（3）扩展组织权限范围内实物资产的可用性和能力。

（4）扩展组织为满足技术中心的目标，所需要的实物资产的可用性和能力。

（5）扩展组织为实现技术中心的目标所需的指导性资产的内容。

这些变体包含在风险/机会情景描述的短语（设想或要求）可用性、能力和/或指定人力、实物和/或指导性资产的内容中。注意，尽管每个变量都不同于其他变量，但它们都导致了一个共同的结果：在扩展组织中的资产与满足技术中心目标所需的资产之间，存在不平衡或存在差距（积极的或消极的）。

5.3.4 技术中心健康状况的先行指标

除了 3.4.4 节和 3.4.5 节中提到的先行指标，以及表 3.1 中列出的指标外，还有一个单独的先行指标类别与技术中心维持其指定核心竞争力的能力有关。例如，以下是美国国家公共行政学院（NAPA）推荐给 NASA 使用的员工相关的部分先行指标（Harper et al.，2007）：

(1) 劳动年龄中位数。
(2) 未覆盖的与全职等同的人员（FTE）的数量。
(3) 新员工占总员工的比例。
(4) 行政服务人员与承建商，主管与职员的比例。
(5) 每个中心使用的员工激励措施，例如灵活的工作时间、奖金和学生贷款补贴。
(6) 过去一年参加培训的人数百分比。
(7) 失误和旷工次数。
(8) 整体的生产力评级。
(9) 员工对管理层的看法/评估（例如，从全面反馈和最佳工作场所调查）。
(10) 纪律处分的次数及严重程度。
(11) 不公平劳动行为和平等就业机会（EEO）投诉数量。
(12) 联邦政府最佳工作场所排名，多元化因素。

这些由美国国家公共行政学院（NAPA）设计的作为中心健康状况的指标，尤其可作为无法维持强大劳动力的风险指标。

对于实物资产和指导性资产，可以假设类似的指标。例如，以下所列可被视为技术中心健康状况与组织实体资产可用性和能力相关的先行指标：

(1) 设施使用年限的中位数。
(2) 设施维修历史。
(3) 测验比例因子。
(4) 尚未解决的网络安全风险。
(5) 政策和程序变更历史。

5.3.5 内部先行指标与人力、实物和指导性资产配置差距之间的相关性

前面提到的先行指标（如进度和成本储备），与人力、实物和指导性资产配置差距之间存在重要的相关性。这些相关性使得制定基于风险和机会的计

划,来获取、配置和淘汰技术中心的人力、实物和指导性资产成为可能。

举例说明,假设 JWST 项目的主承包商在制冷机子系统领域碰巧缺少技术人员,并假设根据目前的趋势和预计的未来事件,预计在未来五年内短缺将进一步恶化。当此信息被纳入 JWST 开发和测试的计划时,可能会发现完成集成系统构建的储备小于核心关注的触发值(即 3.5.1 节中定义的应对触发值)。当该信息被转移到 JWST 的风险汇总模板(表 4.6)时,可能会发现,存在无法令人满意地实现中心承诺的以下战略目标的风险,该风险是不可容忍的:

(1) 目标 1.6:发现宇宙是如何运作的,探索它是如何开始和演化的……

(2) 目标 3.1:吸引和提升高技能、称职和多样化的员工……来执行 NASA 的任务。

在这个例子中,技术中心扩展组织的员工模板中有以下条目:

为总承包商工作的低温技术领域技能类别 4 或 5 的人数与以下先行指标直接相关:

JWST 集成的进度储备

因此,它已经被确定为导致中心的两个顶层目标(上面列出的)具有无法令人满意地实现的风险。

此外,很明显,实物资产和指导性资产模板的条目与储备有关的先行指标和技术中心的顶层目标之间也存在同样的相关性。例如,如果某一测试设施在需要时无法使用或缺乏某些所需的能力,完成测试的进度储备可能会低得无法忍受,从而对技术中心的顶层目标产生同样的影响。

同样,人力、实物和指导性资产的配置,也会影响到利用未来可能出现的机会的能力。例如,让一些技术娴熟的研究人员在开创性的推进技术方面进行创新研究,可能会带来"利用该技术扩展 TRIO 企业与太阳系探索相关目标"的机会,或者更快地或以较低的成本完成当前目标。

5.3.6 优化人力、实物和指导性资产的获取、配置和淘汰

对获取、配置和淘汰的人力、实物和指导性资产进行优化是一个迭代过程,须利用资产、先行指标和技术中心目标之间的相关性。优化程序如图 5.5 所示,程序步骤如下:

(1) 技术中心的目标和相关的风险、机会以及相应的先行指标在第 4 章中有详细的描述。

(2) 使用 5.3.2 节中的模板提出了假设满足成本约束的资产配置计划。

(3) 在 5.3.5 节讨论的基础上,使用先行指标评估模板(表 4.3)评估配置计划对当前和预测先行指标值的影响。

第 5 章　机构/技术层面（技术中心或委员会）的 EROM 管理和实施

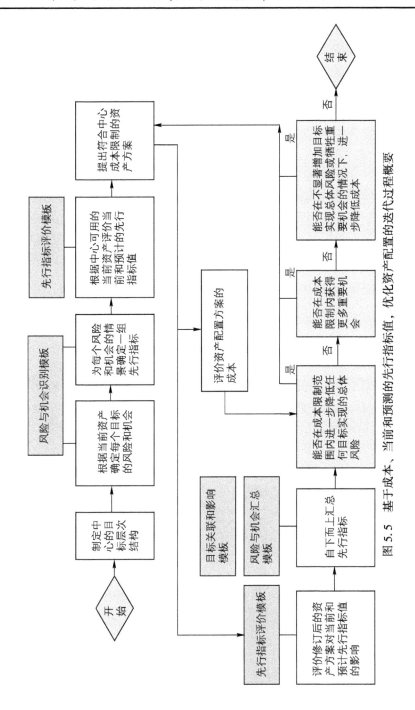

图 5.5　基于成本、当前和预测的先行指标值，优化资产配置的迭代过程概要

151

（4）使用风险和机会汇总模板（表4.6和表4.9），将风险和机会汇总到技术中心的顶层绩效目标。

（5）资产配置的实施成本，采用传统的成本会计方法进行评价。

（6）考虑对资产配置计划进行修改，以确定是否可以改善总体风险和机会暴露与总体成本之间的平衡。

迭代过程可能会继续进行，直到出现以下任何一种情况：

（1）在成本限制内无法进一步降低成功的总体风险。

（2）在成本限制内无法获得更多的重要机会。

（3）如果不显著增加总体风险或牺牲重要机会，就无法降低成本。

图5.6更详细地说明了迭代过程。作为图形的一部分，图5.6包括最初在表4.3中的先行指标评价模板，修改后不仅包括绩效风险指标，还包括资产和未知和低估（UU）风险指标。

5.3.7 与技术中心作出的供应商采办决策的相关性

5.3节描述的过程可用于协助技术中心选择供应商，如主承包商和其他供应商。在很大程度上，选择备选供应商的过程，取决于每个供应商为帮助技术中心实现其目标所带来的风险和机会。技术中心为作出合理选择而需要实施的步骤，与前面小节中描述的步骤类似，但重点关注每个供应商带来的风险和机会。简单地说，这些步骤如下：

（1）识别将选定的任务分配给供应商而衍生的风险和机会情景。

（2）评估和识别相关的先行指标。

（3）将供应商的风险、机会和先行指标信息，与EROM模板中已有的相应风险、机会和先行指标信息整合。

（4）使用汇总模板执行风险和机会汇总，包括备选供应商的衍生风险和机会。

（5）确定哪个备选供应商最大限度地提高了技术中心实现其目标的可能性。

这些步骤与图5.5相似，只是考虑了新的备选供应商衍生的新风险和机会，并且没有执行迭代过程。

第5章 机构/技术层面（技术中心或委员会）的 EROM 管理和实施

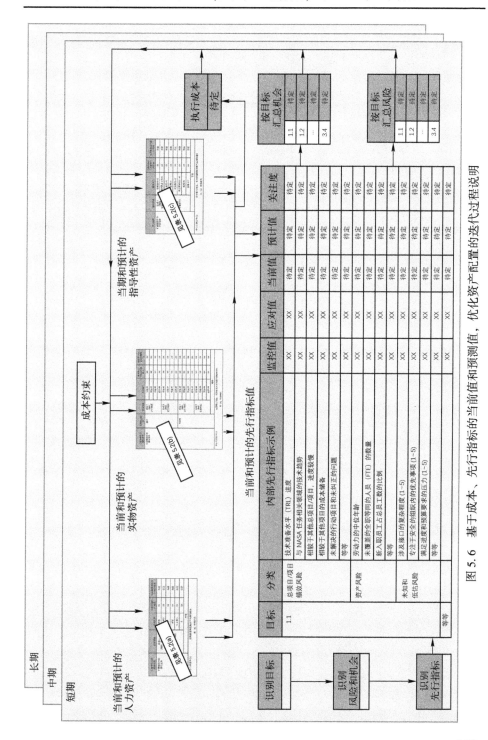

图 5.6 基于成本、先行指标的当前值和预测值，优化资产配置的迭代过程说明

参 考 文 献

Harper, Sallyanne, et al. 2007. "NASA: Balancing a Multisector Workforce to Achieve a Healthy Organization." A report by a panel of the National Academy of Public Administration (February). http://www.napawash.org/wp-content/uploads/2012/07/00-NASA-Report-2-20-07.pdf.

Holzer, T. H. July 2006. "Uniting Three Families of Risk Management—Complexity of Implementation x 3," INCOSE International Symposium 16 (1): 324-336. Also available from National Geospatial-Intelligence Agency.

National Aeronautics and Space Administration (NASA). 2016c. "The James Webb Space Telescope Team." http://www.nasa.gov/mission_pages/webb/team/index.html.

第6章　EROM 实践与分析对商业 TRIO 企业的特殊考虑

6.1　概　　述

迄今为止，大部分讨论都集中在主要目标是开发和运用风险性技术，以实现科学进步，造福社会的 TRIO 企业。这些企业往往是政府性或非营利组织。然而，正如前面几章中多次讨论的那样，许多政府性和非营利企业严重依赖商业合作伙伴，后者通常扮演主承包商的角色。其他人则在主承包商的指导下担任分包商的角色，或者直接与政府性或非营利资助组织签订合同。因此，建立 EROM 联盟并促进对双方都有效的方法的一致性，显然符合非商业企业和商业企业的利益。

以盈利为目的的 TRIO 企业，其顶层目标是为他们的公司和股东提供经济收益。与公共企业的目标一样，商业 TRIO 企业的财务目标包括短期、中期和长期目标。短期财务目标满足股东更直接的需求，而长期财务目标则有助于确保公司的生存能力。然而，与非商业企业不同，对于商业企业而言，技术研究、集成和运营只是手段，而不是根本目标。他们的根本目标是经济利益。

因此，与非商业 TRIO 企业相比，商业 TRIO 企业的一个显著特征是，他们的业绩是用定量的度量标准（例如美元）来评价的，而不是用定性的度量标准（例如了解我们所生活的世界）。然而，与此同时，影响商业 TRIO 企业未来成功可能性的风险和机会往往是定性的，类似于影响非商业 TRIO 企业的风险和机会。诸如经常性管理问题之类的风险事件，本质上是定性的（即管理绩效可以定性为如优秀、良好、一般或差等），但它们对公司财务状况的最终影响是可以量化的。这意味着在前几章中描述的分析风险和机会的定性方法可以延续到商业组织，但是它们必须与定量模型相结合，以评价组织财务目标的当前和未来潜在的状态。

这种定量-定性的二元性如图 6.1 所示。图中显示了早期开发的定性过程（如第 4 章中的模板所示）是如何与财务评价所需的定量建模协同作用的。例如：

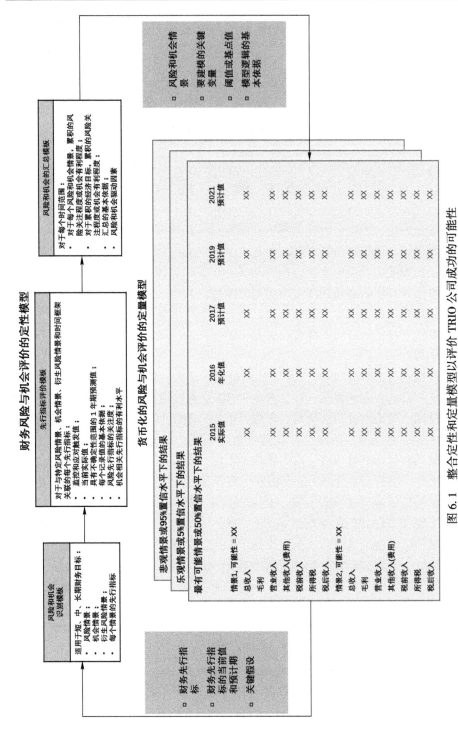

图 6.1 整合定性和定量模型以评价 TRIO 公司成功的可能性

（1）财务模型中风险和机会情景的处理，来源于模板中开发的风险和机会情景。

（2）财务模型中的关键变量，来源于模板中确定的先行指标和风险/机会驱动因素。

（3）财务结果和财务模型中关键变量之间的函数关系，来源于模板中开发的监控和应对触发值。

（4）用于评价累积经济收益或损失的财务模型中，财务因素的汇总是由模板中开发的风险和机会汇总依据提供的。

反馈循环或回路适用于另一个方向：

（1）从财务建模的结果中获得的财务或损益的预测值，可以用作定性分析中的先行指标。

（2）财务定量分析中使用的建模假设，可以帮助定义需要通过内部控制监控或控制的假设。

由于对定量模型的输入和模型本身，可能存在很大的认知不确定性（主要源于不完整的知识），因此定量评估通常使用不同的假设集来进行。在许多评估中，会进行三种不同的计算，即乐观、最有可能和悲观，如图 6.1 所示。在其他评估中，通常被称为蒙特卡罗评估，执行了成千上万的迭代计算以探索不同参数选择，和/或建模选择在其不确定性范围内对财务模型结果的影响。蒙特卡罗评估结果通常以平均值和不同置信度（如 5%、50% 和 95%）的值的形式呈现。

下面的内容将讨论商业 TRIO 企业的风险、机会和先行指标的属性，以及前面描述的 EROM 模板与定量建模一起应用的方式，以评价累积的财务风险和机会，识别风险和机会驱动因素，并推断出风险缓解、机会行动和内部控制的策略。

6.2 风险、机会情景和先行指标

6.2.1 风险和机会分类法

商业 TRIO 企业所面临的风险和机会，与非商业 TRIO 企业一样多，甚至更多。为了说明这一点，图 6.2 和图 6.3 分别描述了企业风险和机会的分类法示例，这些分类法可能适用于具有代表性的大型商业 TRIO 企业，该企业是商业和非商业客户的大型项目的主要承包商。需要注意的是，图 6.2 和图 6.3 中二级子类的多样性与图 3.7 中的类似。

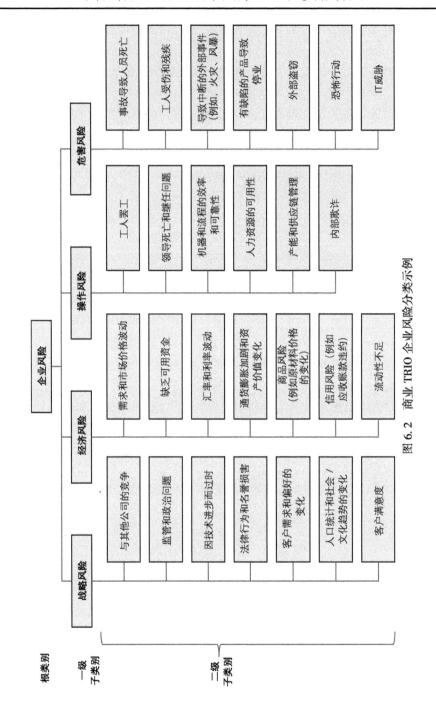

图 6.2 商业 TRIO 企业风险分类示例

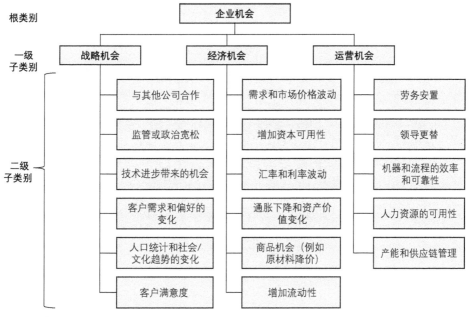

图 6.3　商业 TRIO 企业机会分类示例

分类法中包含的特定类别，对于不同类型的公司通常会有所不同。

6.2.2　风险和机会分支事件及情景事件图

除了他们遇到的许多类别的风险和机会，商业 TRIO 企业经常必须对风险和机会做出快速的战术管理决策，以跟上不断变化的市场环境。例如，如果主要竞争对手突然降价，则可能必须迅速作出定价决策。决策选项在风险情景中显示为分支事件。如果管理层决定降价与竞争对手竞争，其财务风险将与决定不这样做的情况不同。在短期内，利润减少的风险可能会增加，但从长期来看，整体财务风险可能会降低。

因此，对于商业 TRIO 企业，通常建议将 3.4.2 节中讨论的风险和机会情景说明，概括为包括风险和机会情景事件图。图 6.4 显示了由情景事件图扩充的情景描述的简化示例。在本例中，为航空航天和国防工业制造产品和开发系统的主承包商（名为 XYZ 公司），认为竞争对手可能成立一家新的制造公司，从 XYZ 目前服务的一些关键领域抢占市场份额，这对 XYZ 公司是一种风险。为了竞争，XYZ 决定要么在这些市场降价，要么完全放弃这些市场。这两种选择都可能导致近期和中期（例如 1~3 年）的重大收入损失。情景事件图描述了这些选择并识别了财务结果。

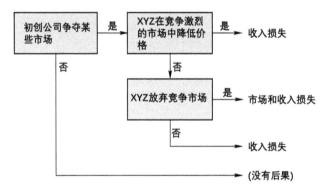

图 6.4　风险情景描述和情景事件图示例——风险类别中的"与其他公司的竞争"风险

同样，图 6.5 描述了下一代太空望远镜主承包商的风险情景说明和情景事件图。这个例子是在第 4 章中提及的政府性集成机构的角度开发的，它识别了因管理问题而加剧的制冷机子系统开发任务中的进度风险。从总承包商的角度来看，最具吸引力的解决方案，是让另一个项目（AA 项目）的项目经理来领导太空望远镜项目的制冷机开发任务。但是，在降低进一步错过太空望远镜项目里程碑风险的同时，提出的解决方案增加了 AA 项目推迟的风险，并增加了 AA 项目的成本。采取这种措施可能带来的后果是短期的收入损失和长期的客户流失。从长远来看，后者会导致经济损失。情景事件图中描述了这些选择和结果。

图 6.6~图 6.11 说明了 XYZ 公司可能关注的其他风险和机会，及其附带的情景事件图。

- **风险**：[现状] 下一代太空望远镜项目的制冷机子系统开发错过了几个里程碑，经历了一些整体的管理问题。客户表达了不满。最好的选择是，把XX博士从项目AA的项目经理调到太空望远镜项目的项目经理，因为XX博士的经验和管理优势。[情景] 如果XX博士调出项目AA，项目AA的客户会不高兴，可能会取消项目。[后果] 这将导致收入的直接损失，并会危及与客户的未来合同，从而导致长期收入和客户多样化的损失。
    - **先行指标**：客户反馈（1~5）；用于开发制冷机子系统的剩余进度储备；制冷机问题的难点有待解决（1~5）；项目 AA 客户在项目经理变更方面的灵活性（1~5）；每个客户潜在未来项目的重要性（1~5）

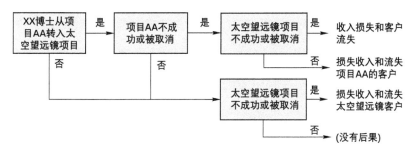

图 6.5　风险情景描述和情景事件图示例——风险类别中的"客户满意度"风险

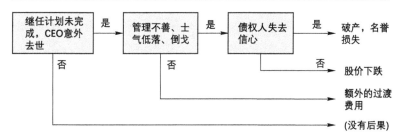

- **风险**：[现状] XYZ公司高度认同并依赖其65岁的CEO。虽然已经为 CEO 的继任做出了一些预先计划，但权力的界限是模糊的。[情景] 如果他意外去世，可能会出现继任之争和收购企图，可能会导致管理不善和一系列相关问题。[后果] 公司和股东士气可能会下降。员工可能会离职。股价可能下跌；公司可能会在 2 年内破产。名誉严重受损。
    - **先行指标**：CEO继任计划的清晰度和质量（1~5）；CEO 的健康状况 (1~5)

图 6.6　风险情景描述和情景事件图示例——风险类别中的"领导死亡和继任问题"风险

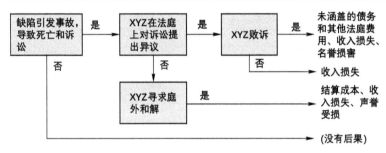

- **风险：**[现状] 在航空航天和国防行动中，致命事故总有可能发生。到目前为止，XYZ 的产品造成的死亡人数最少。XYZ制定了严格的安全培训计划。XYZ拥有巨额的责任保险、高素质的公关部门、优质的制造方案。 [情景] 可能会发生因产品缺陷导致的大的、致命的事故，导致受害者家属的高风险诉讼，以及一段时间的订单减少。XYZ 可能会尝试在法庭上对诉讼提出异议，也可能不提出异议并寻求庭外和解。[后果] 对收入的影响很大，主要是在第一年，并可能对公司的声誉造成持久的损害。
  - **先行指标：**同类产品发生致命事故的历史概率；类似产品之前的频率和潜在严重性；XYZ制造过程的质量（1~5）；XYZ公关计划的有效性（1~5）；XYZ 的责任保险金额

图 6.7　风险情景描述和情景事件图示例——风险类别中的"事故导致人员死亡"风险

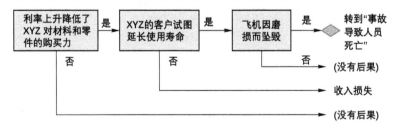

- **风险：**[现状] 多位经济学家预测，由于整体经济通胀，利率将上升。XYZ 目前购买所需材料和零件的资金有限。[情景] 利率急剧上升可能导致 XYZ 不得不降低产量，迫使客户要么延长现有库存的使用寿命，要么削减运营。[后果] 如果XYZ的客户延长其现有库存的使用寿命，则由于部件和材料的老化，将增加维护成本以及安全风险。
  - **先行指标：**经济学家对未来 5 年利率上升的预测；可用于采购材料和零件的资本数额；可用资金的流动性

图 6.8　风险情景描述和情景事件图示例——风险类别中的"汇率和利率波动"风险

- **风险:**[现状] 明年XYZ的设计和装配人员的加薪预计将低于往年。目前的工资和福利处于全国前10%的位置。[情景] 工会的不满可能导致意外的罢工。这可能会引发主管人员同情罢工,从而有必要大幅减产并重新谈判劳动合同。管理层可以做出战术决策,使用剩余的主管人员来制造和组装产品。这可能会引起工会的更多抵制。由于主管人员的工作量增加,它还可能产生更大的压力。[后果] 罢工可能导致收入在 5 年内出现重大损失,其中一半在第一年。如果 XYZ 要求主管填补制造和装配人员的空缺,主管缺乏近期的操作经验,并且他们因工作量增加而承受的压力过大,则可能会增加安全风险。
  - **先行指标:** 在员工工作满意度问卷中表达的员工对薪水的担忧 (1~5);管理层和员工就工作问题进行讨论的频率;讨论的参与情况;因罢工造成的业务收入损失的保险金额;主管人员最近的制造和装配经验水平

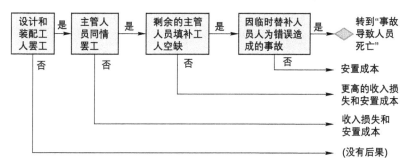

图 6.9 风险情景描述和情景事件图示例——风险类别中的"工人罢工"风险

6.2.3 风险和机会模板

通过使用与第 4 章和第 5 章中开发的类似的模板,可以定性地评价路径级别、情景级别和财务目标级别的风险和机会。就这些模板而言,导致结果的每条路径都被视为一个单独的情景。表 6.1 和表 6.2 以简要的形式,说明了第 4 章中的风险和机会识别及评价模板,以及风险和机会汇总模板对 XYZ 公司来说可能是什么样子。正如所见,结果从定性评价与每个先行指标(表 6.1)相关的关注或有利程度开始,继续通过每个情景事件图(表 6.2 中列)评价与每个路径相关的关注或有利程度,并以公司在所有途径和情景中实现财务目标的能力相关的整体累积关注或有利程度结束(表 6.2 右侧)。

当被评价的目标是可货币化时,情景事件图中的每个路径也可以进行定量评价。定量分析的结果包括评估每个路径的可能性,通常使用事件树/故障树技术,以及使用财务模型评价每条路径的财务后果。如 6.1 节所述,定性结果应与定量结果一致,因为用于获得前者的基本依据会延续到后者的基本依据中

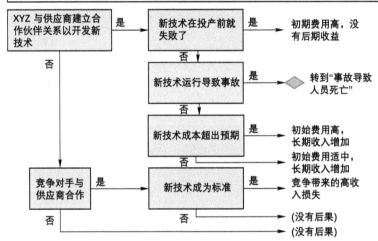

图6.10 风险情景描述和情景事件图示例——风险类别中的"新技术开发"风险

(反之亦然)。

表6.3介绍了一个模板,旨在验证定性和定量评估之间的一致性,称为风险与机会汇总比较模板。它显示了在汇总的每个阶段从定性和定量方法获得的结果。定性结果被描述为风险情景的"关注水平"和机会情景的"有利水平",并使用第4章中介绍的相同颜色编码。该模板中列出了三组定量结果,分别被标记为"乐观"、"最有可能"和"悲观"。如果使用蒙特卡罗方法,则其中计算将与严格的抽样过程结合执行,不同结果可能与置信水平(例如5%、50%和95%)相关联,而不是诸如"乐观"、"很可能"和"悲观"等定性指标。

第6章 EROM实践与分析对商业TRIO企业的特殊考虑

表 6.1 商业 TRIO 企业风险与机会识别和评价模板（组合）示例

长期可货币化的风险与机会

中期可货币化的风险与机会

短期可货币化的风险与机会

情景编离事件描述	情景类型	情景路径说明	先行指标编号及说明	先行指标监控值	监控值依据	先行指标应对值	应对值依据	先行指标当前值	当前值依据	先行指标年期预测值	预测值依据	先行指标注或有利等级
新进入的竞争对手进入XYZ的市场	风险	XYZ降低价格										(-)
		XYZ放弃市场										(-)
		XYZ不采取任何行动										(-)
最好的项目经理从项目AA调到空望远镜项目	风险	项目AA失败或被取消										(-)
		两个项目都失败或被取消										(-)
XYZ追求新技术	机会	技术研发成功										(+)
	衍生风险	技术研发成本超过预期										(+)
		技术研发失败，导致事故										(-)
等等												(-)

待定（+/−）阴影单元格的图例：

| −1 绿色风险：可容忍 | −2 黄色风险：微小 | −3 红色风险：不可容忍 | +1 米色机会：不重要 | +2 紫色机会：微小 | +3 蓝色机会：重要 |

表 6.2 商业性 TRIO 公司风险与机会汇总模板（组合）示例

长期可货币化的风险与机会
中期可货币化的风险与机会
短期可货币化的风险与机会

情景偏离事件描述	情景类型	情景路径说明	先行指标编号及说明	先行指标关注或有利程度	情景路径关注程度依据	情景偏离事件关注或有利程度	情景偏离事件年度依据	货币化的累积风险关注等级	货币化的累积机会关注等级	货币化累积风险/机会等级依据
XYZ市场中新进入的竞争对手	风险	XYZ降低价格		(-)	累积风险排序					
		XYZ放弃市场		(-)	累积风险排序	累积风险排序				
		XYZ不采取任何行动		(-)						
最好的项目经理从项目AA调到太空望远镜项目	风险	项目AA失败或被取消		(-)	累积风险排序	累积风险排序				
		两个项目都失败或都被取消		(-)						
XYZ追求新技术	机会	技术研发成功		(+)	累积机会排序	累积机会排序			累积机会排序	
		技术研发成本超过预期		(+)						
	引入的风险	技术研发失败，导致事故		(+)				累积风险排序		
等等										

待定（+）阴影单元格的图例：

| -1 | 绿色风险：可容忍 | -2 | 黄色风险：微小 | -3 | 红色风险：不可容忍 | +1 | 米色机会：不重要 | +2 | 紫色机会：微小 | +3 | 蓝色机会：重要 |

第6章 EROM 实践与分析对商业 TRIO 企业的特殊考虑

表 6.3 商业 TRIO 企业定性/定量风险和机会汇总比较模板示例（摘录）

长期可货币化的风险与机会

中期可货币化的风险与机会

短期可货币化的风险与机会

情景偏离事件描述	情景类型	情景路径说明	情景路径定性/定量比较			情景偏离事件定性/定量比较			定性/定量累计比较		
			关注或有利程度	模型预测的可能性	模型预测的收益或损失：乐观的/最有可能的/悲观的	关注或有利定性等级	模型预测的可能性：乐观的/最有可能的/悲观的	模型预测的收益或损失：乐观的/最有可能的/悲观的	累计风险关注等级	累计机会有利等级	模型预测的可能性：乐观的/最有可能的/悲观的	模型预测的收益或损失：乐观的/最有可能的/悲观的
XYZ市场中新进入的竞争对手	风险	XYZ降低价格	(−)	乐观的/最有可能的/悲观的	乐观的/最有可能的/悲观的	乐观的/最有可能的/悲观的	乐观的/最有可能的/悲观的	乐观的/最有可能的/悲观的	累积风险排序		累积风险排序	乐观的/最有可能的/悲观的
		XYZ放弃市场	(−)	乐观的/最有可能的/悲观的	乐观的/最有可能的/悲观的							
		XYZ不采取任何行动	(−)	乐观的/最有可能的/悲观的	乐观的/最有可能的/悲观的							
最好的项目经理从项目AA调到太空望远镜项目	风险	项目AA失败或被取消	(−)	乐观的/最有可能的/悲观的	乐观的/最有可能的/悲观的	乐观的/最有可能的/悲观的	乐观的/最有可能的/悲观的	乐观的/最有可能的/悲观的	累积风险排序			
		两个项目部失败或都被取消	(+)	乐观的/最有可能的/悲观的	乐观的/最有可能的/悲观的							
XYZ追求新技术	机会	技术研发成果	(−)	乐观的/最有可能的/悲观的	乐观的/最有可能的/悲观的	乐观的/最有可能的/悲观的	乐观的/最有可能的/悲观的	乐观的/最有可能的/悲观的		累积机会排序		
	衍生风险	技术研发成本超过预期	(−)	乐观的/最有可能的/悲观的	乐观的/最有可能的/悲观的							
		技术研发失败，导致事故	(−)	乐观的/最有可能的/悲观的	乐观的/最有可能的/悲观的							
等等												

等级 (+/−) 阴影单元格的图例：

- **−1** 绿色风险：可容忍
- **−2** 黄色风险：微小
- **−3** 红色风险：不可容忍
- **+1** 米色机会：不重要
- **+2** 紫色机会：微小
- **+3** 蓝色机会：重要

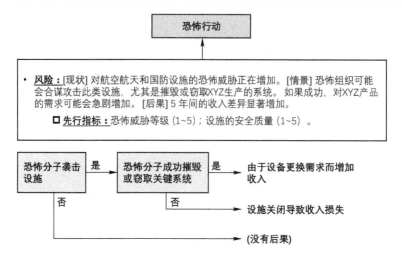

图6.11 风险情景描述和情景事件图示例——风险类别中的"恐怖行动"风险

6.2.4 风险和机会矩阵

传统上,单个风险情景的排序一直是总项目/项目级别风险管理的重要组成部分。这些排序最常用的显示格式是一个5×5矩阵,其中可能性或概率按1~5的等级排列。这种类型的显示,非常适用于顶层目标是货币的企业风险和机会,因为每个目标的度量标准都是定量的,并且在目标之间进行了一致的解释。当顶层目标是定性的时候,它的效果就不那么好了。

对于风险和机会共享互补状态的企业风险和机会管理,将风险和机会包括在各自的矩阵中是有用的,如图6.12所示。在这个图中,每个X代表一个风险或机会情景。从1到25的单元格编号为每个情景的重要性排序提供了基础。例如,风险矩阵第25个单元格中的X被判断为比图中X表示的任何其他风险或机会情景更重要。

当顶层目标是货币化目标时,对于商业TRIO企业来说,图6.12中1~5排序的含义很容易从定性和定量两方面来解释。从定性上来说,1、2、3、4或5的排序,分别意味着"非常低""低""中等""高"或"非常高"的评估。从定量上看,可能性的1~5和影响的1~5基本上反映了决策者对所考虑目标的"非常低""低""中等""高"和"非常高"的判断。因此,不同的目标可能会有所不同。例如,决策者对短期内"非常高"的货币收益的判断,可能与长期货币收益的判断截然不同。

风险和机会矩阵,可用作情景事件图中开发的每个风险和机会情景路径的可能性和影响的图示化工具。风险和机会汇总比较模板(表6.3)中记录的定

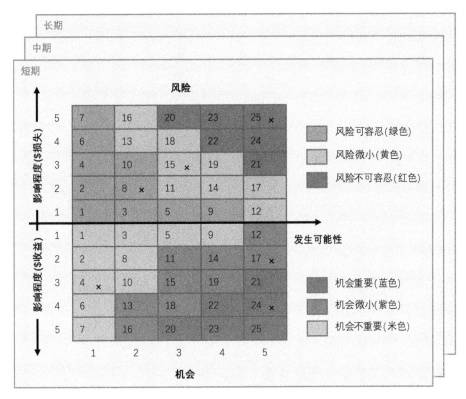

图 6.12 量化财务目标的风险和机会矩阵示例（见彩插）

量结果可以用于此目的。图 6.13 中的风险情景和图 6.14 中机会情景提供了这种图示化的说明。

6.3 可控的驱动因素、风险缓解措施、机会行动和内部控制措施

商业 TRIO 企业的许多风险和机会驱动因素，是与其非商业资助者共享的，因此，如果前者的驱动因素、风险缓解、机会行动和内部控制措施列表与后者相同，也就不足为奇了。例如，下一代太空望远镜的总承包商，将和政府资助机构一样，关注进度和成本储备的消耗。

然而，商业 TRIO 企业将有更多与其财务状况相关的风险和机会驱动因素。表 6.4 为 XYZ 公司提供了此类驱动因素的具有代表性的清单。表中的术语"可控风险驱动因素"是指这些驱动因素能够适应风险缓解、机会行动和内部控制等应对措施。因此，表中包含了每个可控驱动因素的一两个潜在应对措施示例。

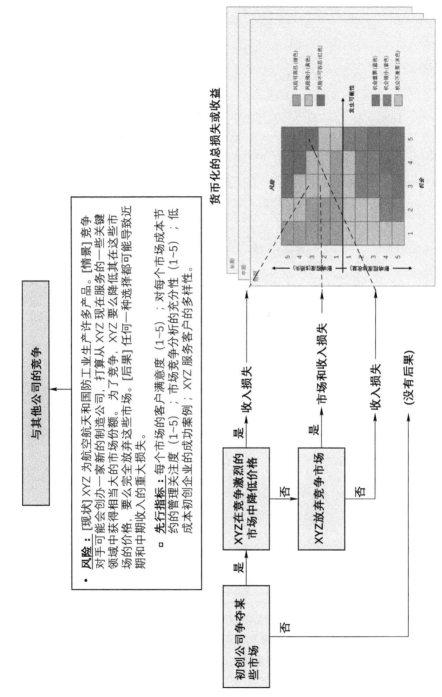

图6.13 风险情景描述、情景事件图和情景矩阵示例——风险类别中的"与其他公司的竞争"风险（见彩插）

第 6 章 EROM 实践与分析对商业 TRIO 企业的特殊考虑

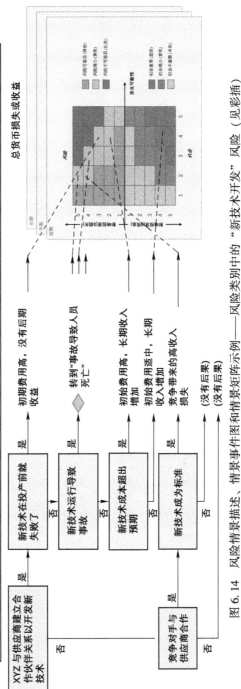

图 6.14 风险情景描述、情景事件图和情景矩阵示例——风险类别中的"新技术开发"风险（见彩插）

171

表6.4 XYZ公司的可控驱动因素及对应的现有保障措施、风险缓解措施、机会行动和内部控制示例

可控驱动因素示例		现有保障措施示例		缓解措施示例		内部控制措施示例
CD1	客户多元化不够	ES1	服务超过500个客户	MA1	结束不盈利的合同并开发新客户	IC1	监控和报告每个现有客户和潜在客户的收入状态/预测
CD2	在通胀市场中购买新材料和零件的资本金和/或流动性不足	ES2	以10%的储备保障可用资金和流动性足以满足当前市场的需求	MA2	将某些长期投资转换为短期投资或现金	IC2	制定一个稳健的、经过同行评审的投资计划,并持续监控
				MA3	与竞争公司合并(增加资本金和/或流动性)	IC3	评估和报告潜在合并对象的业绩记录
CD3	保险不足以覆盖异常高的责任成本	ES3	当前责任保险每起事件承保高达2亿美元	MA4	增加免赔额以扩大最大承保范围	IC4	持续监控覆盖范围
CD4	保险不足以支付业务损失的费用	ES4	当前的业务损失保险涵盖长达6个月的业务损失	MA4	增加免赔额以扩大最大承保范围	IC4	持续监控覆盖范围
CD5	市场竞争分析不充分	ES5	将市场分析作为商业计划的一部分	MA5	聘请市场分析师作为顾问	IC5	评估和报告备选分析师的资质和业绩记录
CD6	在低成本市场中的竞争策略不足	ES6	成本核算系统	MA6	为执行应急储备准备成本削减计划	IC6	与相关实体一起审查成本削减计划
CD7	在发生危机时,用来提升声誉的公共关系不足	ES7 ES8 ES9	危机外联与热线 参与社会活动 公开向慈善机构捐款	MA7	提高日常沟通中对客户的响应能力	IC7	监控和报告客户满意度
CD8	缺少与罢工劳工的早前讨论	ES10	当前工资和福利处于行业前10%的位置	MA8	与劳工领袖一起组织/参加社交活动	IC8	监测和报告劳工领袖的观点和情绪
CD9	解决劳工问题的方法不足	ES11	为相关人员提供劳资问题解决与沟通培训	MA9	为管理人员提供问题解决与沟通培训	IC9	监控和报告管理人员参与培训的情况
CD10	组织过于依赖CEO	ES12	制定好CEO继任计划	MA10	将责任转移到较低级别	IC10	制定流程以监督职责的委派和执行的有效性
CD11	压力水平导致人为错误	ES13	员工援助计划	MA11	通过问卷调查跟踪员工压力水平,并在压力过高时减少工作量	IC11	向上级管理层报告员工的压力水平和操作事故

第6章 EROM 实践与分析对商业 TRIO 企业的特殊考虑

表 6.5 商业 TRIO 企业的风险缓解和内部控制模板，以及机会行动和内部控制模板摘录

长期可货币化的风险与机会

中期可货币化的风险与机会

短期可货币化的风险与机会

货币化的风险机会关注有利累积等级	移除驱动因素附带的货币化的风险或机会	驱动因素编号	驱动因素类型	驱动因素描述	风险和机会的重要参数和缓解/控制措施					内部控制编号	控制类型	需要控制的缺陷或需要监控的假设	建议的内部控制措施	内部控制措施的依据
					现有保障措施	缓解措施编号	建议的缓解措施	解释措施的依据						
-2 黄色微小	-1 绿色可容忍	1	风险	客户多元化不够	服务超过500个客户	1	结束不盈利的合同并开发新客户	××		1	假设	市场分析准确	审查市场分析	××
		2	风险	负面的客户反馈	客户调查	2				2	缺陷	对新可能性的跟进不足	跟踪记录	××
	-1 绿色可容忍		风险	等等										
-3 蓝色重要	+1 米色不重要	3	机会	颠覆性新技术的可能性	研发项目	3								
			衍生风险	初创期失败率	开发和集成测试	4								
	+2 紫色微小	4	机会	等等		5								

表 6.5 显示了与 XYZ 示例相关的风险缓解、机会行动和内部控制识别模板的概要。图中包含的示例条目与先前在图 6.4、图 6.5 和图 6.10 中显示的风险和机会情景有关。在表 6.5 中，每个列出的驱动因素包括一系列成分因素组合。这些成分因素本身不构成驱动因素，因为没有任何单一成分因素会导致累积风险或机会从一种颜色转变为另一种颜色。（有关为什么此类标准是定义术语驱动因素的条件之一的讨论，请参见 3.6.1 节。）如图所示，正是成分因素组合导致了累积风险或机会状态的变化，这可以从其颜色的变化得到证明。

第 7 章 使用 EROM 结果支持风险接受决策的示例

7.1 概 述

第7章的目的，是展示 EROM 如何服务于有多个战略目标的总项目和项目的关键决策点，为风险接受决策提供信息。这样的目标和相关的性能要求，可能跨越多个任务管理领域，例如，安全、技术性能、成本和进度；以及多个政府或其他利益相关方的优先事项，如技术转让、平等机会、法律赔偿和良好的公共关系。由于未达到顶层总项目/项目目标的风险，可能意味着未达到组织战略目标的风险，因此总项目/项目级别的风险接受决策必须包括对组织全范围内的风险和机会管理的考虑。

在这个主题中将进行两个演示示例。第一个是基于国防部的陆基中段拦截系统（GMD）项目，因为它存在于较早的时间范围内（大约14年前）。从那时起，通过美国政府问责局（GAO）和国防部监察长（IG）的公开审查，公众可以获得大量有关 GMD 项目的信息。第二个是基于 NASA 开发的一种商业载人运输系统（CCTS）能力的努力，旨在将宇航员运送到国际空间站（ISS）和其他近地轨道目的地。

这些例子所用的所有信息都来自非机密和公开的报告，包括政府审查和媒体报道。由于涉及专有信息的敏感性，这两个例子都只是在公众可以获得信息的情况下进行。

因为 GMD 和 CCTS 的案例的目标类似，所以放在一起考虑时会很有趣，但实现它们却是不同的。除了任务目标有明显差异，一个是防御导弹，另一个是太空探索，它们有以下共同的相互竞争的目标：

(1) 快速发展作战能力；
(2) 确保系统安全可靠；
(3) 将成本控制在预算之内；
(4) 与商业公司发展伙伴关系；
(5) 维持公众支持。

然而，在 GMD 案例中，实现项目顶层目标的计划强调第一个目标（快速部署），而在 CCTS 案例中，计划强调第二个目标（安全性和可靠性）。总之，它们代表了一项有趣的研究，即 EROM 在帮助决策者做出反映其对一个目标的偏好，而不忽视其他目标的决策方面的重要性。

7.2 示例1：2002年期间的国防部陆基中段拦截系统

7.2.1 背景

陆基中段拦截系统（GMD）项目始于 20 世纪 80 年代初期，由里根政府以不同的名字发起，现在由国防部的导弹防御局（MDA）管理。GMD 是一种系统的系统设计，用于在动力上升后和再入大气层之前的外大气层弹道战斗中，拦截和摧毁敌人的弹道导弹。系统中的各个子系统包括陆基和海基雷达、作战管理指挥、控制和通信（BMC3）系统、陆基拦截器（GBI）和外大气层动能杀伤拦截器（EKV）。这些系统的主要供应商是雷神公司、诺斯罗普·格鲁曼公司和轨道科学公司，主承包商是波音的国防、空间与安全部门。到 2017 年，该项目预计将耗资 400 亿美元（Wikipedia，2016），从最初的 160 亿美元成本估算急剧上升至 190 亿美元（Mosher，2000）。

2002 年，为了实现美国乔治·沃克·布什政府的快速部署目标，国防部长免除了美国导弹防御局（MDA）在获取武器系统方面须遵循五角大楼的正常规则（Coyle，2014）的要求。根据监察长（IG）（2014a）的说法，结果显示外大气层动能杀伤拦截器，没有通过里程碑式的决策审查过程和产品开发阶段。这些活动通常被要求"仔细评估采办项目进入下一采办阶段的准备情况，并作出合理投入国防部财政资源的决策"。在产品开发阶段，对项目进行评估，"以确保产品设计是稳定的，制造过程是受控的，并且产品可以在预期的运维环境中运行。"根据检察长的说法，由于陆基中段拦截系统放弃了这些程序，"外大气层动能杀伤拦截器原型机在准备就绪之前被迫进入作战状态"。此外，根据美国国防部检察长办公室的说法，"成本限制和失败驱动的项目重组的组合，使项目处于变化状态。进度和成本优先推动了一种'按现状使用'的文化，使外大气层动能杀伤拦截器成为一个制造业的挑战。"

使暂停标准评审和验证实践的决策变得复杂的是，该项目已经受到各种质量管理缺陷的影响。在该决策宣布之前和之后，美国政府问责局（GAO）（2015）表达了对包括 GMD 在内的多个国防部项目的质量管理的担忧。这些问题包括不符合项，系统工程纪律不足，对主承包商活动的监督不足，以及在没有有效监督的情况下依靠次级供应商自行报告。这些缺陷，以及美国政府问责局列举的其他缺陷，导致安装有缺陷的部件，最终导致进度和成本的大幅增加。

由于在作出决策时目标1的首要地位，决定使用未经验证的外大气层动能杀伤拦截器进行部署。作战假设是系统可用原型形式部署，然后根据需要进行更新，以实现可靠性目标。

7.2.2 顶层目标、风险容忍度和风险平价

对于此示例，该项目的主要目标是快速实现稳健、可靠且具有成本效益的GMD。这个顶层目标（称为目标1）可细分为以下三个子级目标：

（1）目标1.1：快速部署一个稳健的GMD。在这种情况下，"稳健"一词意味着系统能够承受发射前、发射中和拦截过程中可能遇到的任何可信环境。

（2）目标1.2：快速实现可靠运行的GMD。"可靠"一词指的是系统识别、拦截和摧毁目标的能力，并且具有很高的成功概率。

（3）目标1.3：实现具有经济高效的GMD。"经济高效"一词指的是部署和运维稳健的作战系统，并在既定的资金限制内实现始终如一的高可靠性的能力。

重申本书的主题之一，EROM框架要求将风险容忍度纳入相应的需求开发分析过程中。为了避免相互竞争的目标之间的不平衡，有必要有一个过程，以客观、理性的方式引出决策者的风险容忍度，并将这些容忍度纳入项目的评审中。如3.3.1节、3.3.2节和3.5.1节所述，可通过设计以下EROM生成的内容来考虑风险容忍度：

（1）风险平价声明。

（2）风险监控和应对边界。

（3）先行指标监控和应对触发值。

风险平价声明是从决策者那里获得的。从决策者的角度来看，每个风险平价声明都反映了一个共同的不适程度。因此，每个都反映了决策者对权衡目标之间平等的看法。

这个例子的目标和累积风险平价表的建议格式如图7.1所示。从图7.1的表格中提取的累积风险声明是平价声明，因为它们每一个都对应于相同的不适水平（即第2等级）：

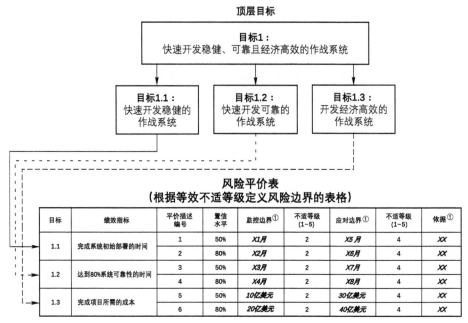

① 来自利益相关者的条目用斜体突出显示。

图 7.1　目标和假设的累积风险平价表——GMD 示例

（1）风险平价声明 1（不适等级 2）：我们有 50% 的信心，完成系统的初始部署将不超过 X1 个月。

（2）风险平价声明 2（不适等级 2）：我们有 80% 的信心，完成系统的初始部署将不超过 X2 个月。

（3）风险平价声明 3（不适级别 2）：我们有 50% 的信心，不超过 X3 个月，系统就会达到 80% 的可靠性。

（4）风险平价声明 4（不适等级 2）：我们有 80% 的信心，不超过 X4 个月，系统就会达到 80% 的可靠性。

（5）风险平价声明 5（不适等级 2）：我们有 50% 的信心，部署系统并实现 80% 可靠性的总成本将不超过 10 亿美元。

（6）风险平价声明 6（不适等级 2）：我们有 80% 的信心，部署系统和实现 80% 可靠性的总成本将不超过 20 亿美元。

类似地，下面的平价声明也是从图 7.1 演变而来的，因为每个陈述都会导致 4 级的不适：

（1）风险平价声明 1（不适等级 4）：我们有 50% 的信心，完成系统的初始部署将不超过 X5 个月。

（2）其他。

7.2.3 风险和先行指标

根据陆基中段拦截系统（GMD）项目在7.2.1节提供的信息，可以得出两种风险情景。第一种源于2002年的质量管理控制问题，并影响所有三个目标：快速部署、高可靠性和经济效益。第二种源于暂停标准控制，再加上超声速动能拦截器的挑战，影响后两个目标。

风险情景描述和相应的先行指标的示例如图7.2所示。每个风险的先行指标都代表了美国政府问责局和美国国防部检察长办公室（DoD IG）所关注事项的来源，如7.2.1节所述。图7.2中列出的第一个风险情景基于以下发现（IG，2014b）：

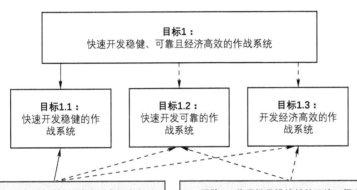

图 7.2 风险和先行指标——GMD 示例（2002 年）

"美国政府问责局和美国国防部检察长办公室报告指出的质量管理体系缺陷包括：

(1) 各关键项目决策点的程序审查不一致。
(2) 未以帮助决策者识别和评价系统质量问题的方式整合质量指标。
(3) 劳动力知识不足。
(4) 提供充分监督的资源不足。
(5) 无效的供应商监督。"

第二种风险情景中列出的风险，是基于技术准备水平（TRL）和其他总项目和项目的经验，可以作为当前项目未来潜在问题的指标。这些指标与复杂项目中产生的可靠性、进度或成本影响和 UU 风险有关。

7.2.4 先行指标触发值

累积风险之间的平价，可以用先行指标之间的平价来表示。如 3.5 节所述，风险先行指标的触发值，是由 EROM 分析师开发，用于在风险达到决策者建立的风险容忍边界时发出信号。当有许多先行指标时，通常情况下，会制定各种先行指标的组合作为累积风险的替代。这些组合在 4.6.4 节中被称为综合先行指标。

为了简化这个例子，我们将图 7.2 中的先行指标合并为三个综合指标，如下所示：

(1) 综合指标 A，称为"质量管理排序"：综合先行指标编号 1~8，排序等级为 1~5。
(2) 综合指标 B，称为"技术就绪排序"：综合先行指标编号 9~11，排序等级为 1~5。
(3) 综合指标 C，称为"以往成功排序"：综合先行指标编号 12~14，排序等级为 1~5。

假设作为 EROM 分析的一部分，已经推导出将图 7.2 中的 14 个先行指标合并为这三个综合指标的公式，但为了本例的目的，这些公式未作说明。

图 7.3 说明了综合先行指标的平价声明，如何代替累积风险的平价声明。图中下方的表格得出以下与监控触发值（不适等级 2）相对应的先行指标平价声明：

(1) 先行指标平价声明 1（不适等级 2）：完成系统初始部署时间的监控边界与质量管理综合指标的值 1.5 一致。
(2) 先行指标平价声明 2（不适等级 2）：系统可靠性达到 80% 的时间监控边界与质量管理综合指标的值 4.0 一致。

第 7 章 使用 EROM 结果支持风险接受决策的示例

风险平价表
（根据等效不适等级定义风险边界的表格）

目标	平价声明编号	绩效指标	置信水平	监控边界①	不适等级(1~5)	应对边界①	不适等(1~5)	依据①
1.1	1	完成系统初始部署的时间	50%	X1月	2	X5月	4	XX
	2		80%	X2月	2	X6月	4	XX
1.2	3	达到80%系统可靠性的时间	50%	X3月	2	X7月	4	XX
	4		80%	X4月	2	X8月	4	XX
1.3	5	完成项目所需的成本	50%	10亿美元	2	30亿美元	4	XX
	6		80%	20亿美元	2	40亿美元	4	XX

先行指标平价表
（根据等效不适等级定义先行指标触发值的表格）

目标	先行指标平价声明编号	绩效指标	风险平价声明编号	综合先行指标	综合先行指标描述	监控触发值(1.0~5.0)	应对触发值(1.0~5.0)	依据
1.1	1	完成系统初始部署的时间	1, 2	A	质量管理	1.5	1.0	XX
1.2	2	达到80%系统可靠性的时间	3, 4	A	质量管理	4.0	3.0	XX
	3		3, 4	B	技术就绪程度	4.0	3.0	XX
	4		3, 4	C	以往成绩记录	4.0	3.0	XX
1.3	5	完成项目所需的成本	5, 6	A	质量管理	3.5	2.5	XX
	6		5, 6	B	技术就绪程度	3.5	2.5	XX
	7		5, 6	C	以往成功记录	3.5	2.5	XX

① 来自利益相关者的条目用斜体突出显示。

图 7.3 假设的综合先行指标平价表——GMD 示例

（3）先行指标平价声明 3（不适等级 2）：系统可靠性达到 80% 的时间监控边界与技术就绪综合指标的值 4.0 一致。

（4）先行指标平价声明 4（不适等级 2）：系统可靠性达到 80% 的时间监控边界与以往成功综合指标的值 4.0 一致。

（5）先行指标平价声明 5（不适等级 2）：完成项目的成本监控边界与质量管理综合指标的值 3.5 一致。

（6）先行指标平价声明 6（不适等级 2）：完成该项目的成本监控边界与技术就绪综合指标的值 3.5 一致。

（7）先行指标平价声明 7（不适等级 2）：完成项目的成本监控边界与以往成功综合指标的值 3.5 一致。

类似的先行指标平价声明随着不适等级 4 的发展而演变：

（1）先行指标平价声明 1（不适等级 4）：完成系统初始部署时间的应对边界与质量管理综合指标的值 1.0 一致。

（2）其他。

先行指标平价表中的触发值表明，对于快速部署强健的作战系统的目标而言，质量管理的重要性要小于快速实现可靠作战系统的目标，以及以经济高效的方式完成项目的目标。因此，质量管理监控触发值为 1.5，被认为足以实现快速部署；而要快速实现可靠性目标，相应的技术就绪和以往成功监控触发值需要为 4.0。此外，为了降低运维成本，只需要稍微低一点的值。这些条目反映了这样一个事实，即部署计划要求绕过通常会妨碍早期部署的大多数障碍（包括质量管理规定，如里程碑决策审查），而部署前未解决的质量管理问题可能会在部署后产生重大风险。上述讨论和任何其他相关意见通常会作为依据或理由列入表格的最后一栏。

7.2.5 模板条目和结果示例

在为每个目标、相关的先行指标和相关的平价声明制定了风险情景描述后，现在可以制定类似于 4.5~4.7 节中的模板来完成分析。例如，表 7.1 和表 7.2 分别显示了基于前面小节提供的信息，先行指标评价模板和高级显示模板在 GMD 示例中的表现方式。结果表明（2002 年），由于质量管理缺陷、前代系统的作战测试失败、EKV 系统的复杂性，以及可能需要大量的改装等原因，在部署后存在重大风险。

尽管是假设性的，但示例结果与决策者的信念一致，除了早期部署之外，长期可靠性和成本效益也是重要的目标。换句话说，决策者的平价陈述是结果的主要决定因素。

表 7.1 先行指标评价模板——GMD 示例（2002 年）

目标	综合指标编号	综合指标描述	风险、机会或衍生风险	情景编号	综合指标监控值	依据或来源	综合指标应对值	依据或来源	综合指标当前值	依据或来源	综合指标一年预计值	依据或来源	综合指标关注程度
1.1 快速开发稳健的作战系统	A	质量	风险	1	1.5	xx	1.0	xx	2.0	xx	2.0	xx	−1 绿色 可容忍
1.2 快速开发可靠的作战系统	A	质量	风险	1	4.0	xx	3.0	xx	2.0	xx	2.0	xx	−3 红色 不可容忍
	B	技术就绪程度	风险	2	4.0	xx	3.0	xx	1.5	xx	2.0	xx	−3 红色 不可容忍
	C	以往成功经历	风险	2	4.0	xx	3.0	xx	3.0	xx	2.0~2.5	xx	−3 红色 不可容忍
1.3 开发经济高效的作战系统	A	质量	风险	1	3.5	xx	2.5	xx	2.0	xx	2.0	xx	−3 红色 不可容忍
	B	技术就绪程度	风险	2	3.5	xx	2.5	xx	1.5	xx	2.0	xx	−3 红色 不可容忍
	C	以往成功经历	风险	2	3.5	xx	2.5	xx	2.0	xx	2.0~2.5	xx	−3 红色 不可容忍

7.2.6 风险接受决策的含义

如表 7.2 所列，基于决策者的风险容忍度得出的结果，似乎表明三个目标中有两个的总风险是不可容忍的，项目可能不应按目前制定的方式进行。结果还指出了风险的主要来源（驱动因素）和纠正措施（建议的应对措施），这些措施往往会使不可容忍的风险变得更可容忍。在 GMD 示例中，主要的风险驱动因素，是决定免除管理组织遵循某些标准和规则，包括系统部署之前通常遵循的验证和确认过程。集成系统的质量测试不足和缺乏里程碑评审，是纠正措施要解决的两个主要问题。

假设已实施了纠正措施，下一步将是评估所有三个目标的总风险。如果此类平价表明没有任何累积风险保持红色（表 7.3），则合乎逻辑的决策可能是，要求主承包商进行迭代，并将关键决策点重新安排到以后的日期。

为了便于识别可能比当前决策更成功的备选方案，表 7.2 的结果包括每个目标的风险驱动因素列表，以及更好地控制驱动因素的建议应对措施列表。在这种情况下，主要风险驱动因素是决定免除管理组织遵循某些标准和规则，包括在部署系统之前通常遵循的验证和确认过程。集成系统的质量测试不足和缺乏里程碑审查，是备选决策要解决的两个主要问题。

表 7.2 高级显示模板——GMD 示例（2002 年）

目标编号	目标描述	目标风险	驱动因素	建议的应对措施
1.1	快速开发稳健的作战系统	−1 绿色 可承受	没有	没有
1.2	快速开发可靠的作战系统	−3 红色 不可承受	××	××
1.3	开发经济高效的作战系统	−3 红色 不可承受	××	××

表 7.3 采取纠正措施以平衡顶层目标和风险之后的高级显示模板——GMD 示例

目标编号	目标描述	目标风险	驱动因素	建议的应对措施
1.1	快速开发稳健的作战系统	−2 黄色 微小	××	没有

续表

目标编号	目标描述	目标风险	驱动因素	建议的应对措施
1.2	快速开发可靠的作战系统	-2 黄色 微小	××	没有
1.3	开发经济高效的作战系统	-2 黄色 微小	××	没有

7.3 示例2：2015年的NASA商业载人运输系统

7.3.1 背景

第二个例子的目标，是开发使用商业性空间系统将乘组人员运送到近地轨道，包括国际空间站的能力。在过去两三年里，这一目标面临着若干挑战。正如NASA局长（Bolden，2013）所说，"因为总统计划资金已经显著减少，我们现在要到2017年才能支持美国的发射。如果国会不完全支持总统2014财年对我们商业载人项目的要求，则将迫使我们再次延长与俄罗斯的合同，那么即使是这种延迟的可用性也将受到质疑。"显然，尽管安全性和可靠性一直是NASA的优先事项，但局长担心的问题是，在运输能力方面必须依赖俄罗斯人的时间超过必要的时间，同时面临可能拖延问题解决的预算削减。

考虑到这些问题，NASA商业载人项目（CCP）设计了一种方法，旨在确保安全性和可靠性得到高度重视的同时，最大限度地减少进度延误和成本超支的可能性。该项目的有效方法被称为"基于风险的保证"过程，使用"共享保证"模型（Canfield，2016；Kirkpatrick，2014）。

基本上，证明已识别的危害得到充分控制的角色已经从NASA安全和任务保证人员，转移到了认可的商业承包商。但是，NASA工作人员会对被认为具有高风险或中等风险危害的结果进行审计和验证。对每种危害造成的风险进行排序的标准，是包括设计和工艺的复杂性、成熟度、以往的表现和专家判断在内的一组标准。

在系统开发和美国发射之前，必须有一套稳定的认证要求，包括工程标准、所需的测试、分析以及验证和确认协议。这些要求的制定和实施需要七个步骤：

（1）NASA和供应商之间的协商对要实施的要求达成一致。

这套要求由 NASA 技术主管部门和独立审查小组审查，如航空航天安全咨询委员会（ASAP）。

（2）NASA 批准机构批准了这套要求。

（3）供应商实施要求。

（4）供应商证明要求已被正确、成功地实施。

（5）技术当局和独立审查小组审查该案件。

（6）NASA 批准机构批准实施。

值得注意的是，航空航天安全咨询委员会（ASAP）在 2015 年 7 月 23 日 NASA 的季度会议上，对商业载人项目（CCP）在履行职责方面的努力给予高度支持，同时也认识到其挑战。"这个项目具有任何太空项目所固有的所有挑战；这在技术上是很困难的。此外，它还面临在一个新的、从未尝试过的商业模式下工作的挑战——与两个具有广泛不同企业和发展文化的商业伙伴合作，每个伙伴都带来了独特的优势和机遇，每个伙伴都带来需要应对的不同问题。这一挑战因预算、进度压力、拨款不确定性、希望尽快摆脱对俄罗斯运输的依赖以及固定价格的合同环境而加剧。鉴于这些挑战，专家组认为商业载人项目（CCP）面临着相当大的风险。幸运的是，有能力和头脑清醒的专业人员（专家小组对他们非常有信心）正在应对这些风险。然而，风险只会随着时间的推移而增加，并考验所有管理级别的技能"（ASAP，2015）。

7.3.2 顶层目标、风险容忍度和风险平价

就本例而言，我们认为该项目的主要目标，是以合理的成本范围快速实现经认证的、可运营的商业载人运输系统（CCTS）能力。以下三个子目标适用：

（1）目标 1.1：在指定的近期时间范围内（例如，到 2015 年或 2016 年）制定、审查和批准一套商业载人运输系统（CCTS）认证要求。

（2）目标 1.2：在指定的近期时间范围内（例如，到 2017 年或 2018 年）开发和建造经运营认证的商业载人运输系统（CCTS）。

（3）目标 1.3：实现商业载人运输系统（CCTS）并在指定成本（例如，预计从国会获得的资金数额）内执行指定数量的飞行。

这些目标和相应假设的累积风险平价表如图 7.4 所示。以下累积风险声明来自图 7.4 中的表格，是对应于不适等级 2 的平价陈述：

（1）风险平价声明 1（不适等级 2）：我们有 50% 的信心，制定、审查和批准认证要求所需时间不会超过 X1 个月。

（2）风险平价声明 2（不适等级 2）：我们有 80% 的信心，制定、审查和批准认证要求所需时间不会超过 X2 个月。

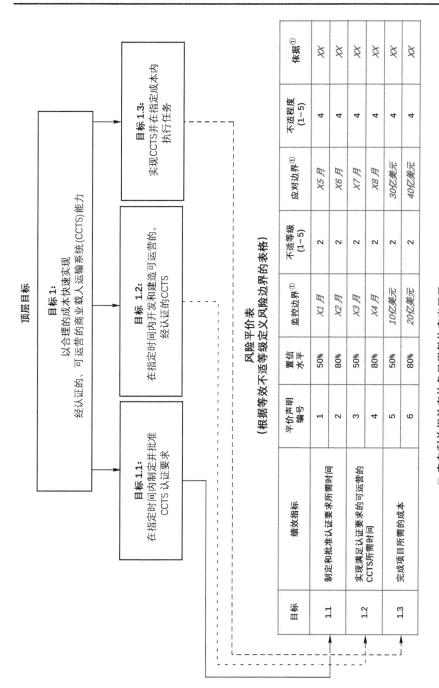

① 来自利益相关者的条目用斜体突出显示。

图 7.4 目标和假设的累积风险平价表——CCTS 示例

(3) 风险平价声明 3（不适等级 2）：我们有 50%的信心，开发和建造经运营认证的 CCTS 所需时间将不超过 X3 个月。

(4) 风险平价声明 4（不适等级 2）：我们有 80%的信心，开发和建造经运营认证的 CCTS 所需时间不会超过 X4 个月。

(5) 风险平价声明 5（不适等级 2）：我们有 50%的信心，实现运营商业载人运输系统（CCTS）和执行 50 次载人飞行的总成本将不超过 10 亿美元。

(6) 风险平价声明 6（不适等级 2）：我们有 80%的信心，实现运营商业载人运输系统（CCTS）和执行 50 次载人飞行的总成本将不超过 20 亿美元。

类似地，下面的平价声明也是从图 7.4 中的表演变而来的，因为每个声明都会导致 4 级的不适水平：

(1) 风险平价声明 1（不适等级 4）：我们有 50%的信心，制定、审查和批准认证要求所需的时间将不会超过 X5 个月。

(2) 其他。

不适等级 2 的平价声明构成累积风险的监控边界，不适等级 4 的平价声明构成应对边界。

7.3.3 示例 2 的剩余部分

正如 7.1 节所描述的那样，由于数据的专有性质和项目中不断变化的环境，示例 2 将不会在此之后正式实施。但是，可以推断，为完成示例 2 所执行的任务将类似于 7.2 节中描述的示例 1 的任务。

作为反映作者观点的一般性评论，在评估与 CCP 中使用的基于风险的保证过程和共享保证模型相关的风险时，必须密切关注"负责确保系统各个部分的负责人之间的沟通质量和严谨程度"。如果承包商之间以及承包商与 NASA 之间没有开放和有效的沟通，可能存在重大风险，即保证过程将错过子系统之间交互产生的事故情景，或错过需要协作思维的解决方案。此外，供应商和产品保证者之间的独立性，是需要保持的最佳实践。

由于这些原因，并且由于基于风险的保证过程和共享保证模型是 NASA 的一种新的保证方法，该方法本身需要有一套实施控制来确保其效率和效果。

7.4 对 TRIO 企业和政府机构的影响

在及时性、安全性/可靠性和成本等相互竞争的目标之间实现平衡，需要诚实地评估决策者在每个领域的容忍度。如表 7.1 和表 7.2 所列，在 2002 年左右的 GMD 示例中，很容易根据当时被认为最紧迫的目标作出决策，而不考虑未来将变得更紧迫的长期目标。EROM 的使用防止了这一趋势，从而使今天的决策更加包容短期、中期和长期需求。

参 考 文 献

Aerospace Safety Advisory Board (ASAP). 2015. "2015 Third Quarterly Meet-ing Report" (July 23). http://oiir. hq. nasa. gov/asap/documents/ASAP_Third_Quarterly_Meeting_2015. pdf.

Bolden, Charles. 2013. "Launching American Astronauts from U. S. Soil." NASA (April 30). http://blogs. nasa. gov/bolden/2013/04/.

Canfeld, Amy. 2016. The Evolution of the NASA Commercial Crew Program Mission Assurance Process. NASA Kennedy Space Center. https://ntrs. nasa. gov/ archive/nasa/casi. ntrs. nasa. gov/20160006484. pdf.

Coyle, Philip. 2014. "Time to Change U. S. Missile Defense Culture," Nukes of Hazard Blog, Center for Arms Control and Nonproliferation (September 11).

Government Accountability Office. (GAO). 2015. GAO-15-345, Missile Defense, Opportunities Exist to Reduce Acquisition Risk and Improve Report-ing on System Capabilities. Washington, DC: Government Accountability Offce (May).

Inspector General (IG). 2014a. DODIG-2014-111, Exoatmospheric Kill Vehicle Quality Assur-ance and Reliability Assessment—Part A. Alexandria, VA: DoD Offce of the Inspector General (September 8). http://www. dodig. mil/pubs/documents/DODIG-2014-111. pdf.

Inspector General (IG). 2014b. DODIG-2015-28. Evaluation of Government Quality Assurance Oversight for DoD Acquisition Programs. Alexandria, VA: DoD Offce of the Inspector General (November 3). http://www. dodig. mil/pubs/documents/DODIG-2015-028. pdf.

Kirkpatrick, Paul. 2014. The NASA Commercial Crew Program (CCP) Shared Assurance Model for Safety. https://ntrs. nasa. gov/archive/nasa/casi. ntrs. nasa. gov/20140017447. pdf.

Mosher, David. 2000. "Understanding the Extraordinary Cost of Missile Defense," Arms Control Today, December 2000. Also, website http://www. rand. org/natsec_are/products/missilede-fense. html.

Wikipedia. 2016. "Ground-Based Midcourse Defense." Wikipedia (July 10).

第8章 对EROM过程和结果进行独立审查以确保内部控制措施的充分性并为风险接受决策提供信息

鉴于TRIO企业面临的风险和机会的复杂性，以及联邦政府最近强调将EROM应用于内部控制的设计、验证和管理，强烈建议对EROM过程和结果进行独立审查。这种独立审查有几个目的：

（1）就联邦机构而言，它们向政府的行政和立法部门保证重大风险和机会得到有效识别和处置。

（2）对于商业企业，他们为公司的股东和债权人提供同样的保证。

（3）在这两种情况下，它们都为TRIO企业本身提供了一种保证，即组织各级的决策正在以知情、客观和完全整合的方式进行。

8.1 背　　景

8.1.1 OMB的推动

OMB通告A-123（2016年）的更新版本，在题为"审计师在全面风险管理中的作用"的小节中指出："内部或外部审计师，对机构的项目和运营，其中包括内部控制和风险管理系统的各个方面，进行独立和客观的审计、评价、调查。"独立评价具有独特的价值，如下所示："管理层和外部审计师可能因各自的角色和职责，对风险有不同的解释。机构的风险管理职能应寻求协调其角色，以便在确保风险管理职能部门持续获得风险信息的同时，保持外部审计师角色的独立性和审计范围。"在后面的部分中，更新后的通告强调了通过全面风险管理（ERM）视角评价内部控制的重要性："机构的负责人必须持续监控和改进与重大风险相关的内部控制的有效性。这种持续监控和其他定期评价应为机构负责人按照FMFIA的要求，对内部控制进行年度评价和报告提供依据。"通过这些要求，该通告支持独立的定期评价，以确保全面风险和机会管理（EROM）方法的完整性及其分析的完整性和准确性，因为它们与内部控制的选择和实施以及相关要求的年度保证报告有关。

8.1.2 美国能源部的指南

根据美国能源部（DOE）2014财年关于内部审计的指导文件，DOE使用的风险和内部控制程序，需要通过DOE外部审计师进行的财务报表审计以及正常的质量保证和同行评审程序进行独立评价（DOE，2014）。

此外，根据DOE的说法，风险的确定不仅应推动控制的选择和应用，还应优化控制测试。针对不可容忍风险设计的控制措施，应比针对微小或可容忍风险设计的控制措施更频繁地进行测试。DOE在内部控制背景下（DOE，2014）关注的风险与其他机构的风险类似。它们属于以下类别：

（1）人力资源——如果项目没有足够数量的合格员工和经理来有效管理、监督和完成其项目，那么总项目或项目目标将无法实现。

（2）承包商监督——如果联邦工作人员无法管理承包商或任务接受者的绩效问题，例如绩效或质量缺陷、成本或进度超支，或不遵守法律法规，则可能会出现浪费或滥用政府资金的情况，并且将无法实现项目目标。

（3）采办或采购——如果制度不到位，无法确保承包商或任务接受者选择的竞争性和公平性，则可能导致利益冲突。

（4）预算执行——如果组织不遵循既定的预算执行政策和程序，那么政府资金可能会被浪费，可能会发生无效率的违规行为，有关负债、支出和费用的信息可能会不准确。

（5）保障和安全——如果安全程序没有被完整记录，没有对适当人员进行培训，或没有被遵守，那么可能会发生不遵守安全要求的情况，DOE财产可能会损坏或被盗，或者员工或公共安全可能面临风险（DOE，2014，p.9）。

8.1.3 内部审计师协会的指南

英国内部审计师协会（IIA，2009）为组织内部全面风险管理独立评价的参考内容提供了具体指导。根据IIA的规定，对全面风险管理实践的审计应"为（公司董事会）提供风险管理有效性的客观保证。事实上，研究表明，董事会董事和内部审计师一致认为"内部审计为组织提供价值的重要途径，提供客观保证，确保主要业务风险得到适当管理，并确保风险管理和内部控制框架有效运作。"IIA报告将全面风险管理活动分为三类：①属于核心内部审计角色的活动；②属于保障措施的合法内部审计角色的活动；③不属于内部审计的活动。并定义了全面风险管理各类别的活动如下：

（1）属于核心内部审计角色的ERM活动：

① 为风险管理程序提供保证；
② 确保正确评估风险；
③ 评价风险管理程序；
④ 评价关键风险的报告；
⑤ 审查关键风险的管理。
(2) 属于保障措施的合法内部审计角色的 ERM 活动：
① 促进风险的识别和评估；
② 指导管理层应对风险；
③ 协调 ERM 活动；
④ 风险整合报告；
⑤ 维护和开发 ERM 框架；
⑥ 支持建立 ERM；
⑦ 制定风险管理策略以供董事会批准。
(3) 不属于内部审计的 EROM 活动：
① 设定风险偏好；
② 实施风险管理程序；
③ 风险的管理保证；
④ 风险应对的决策；
⑤ 代表管理层执行风险应对措施；
⑥ 风险管理的追责。

根据 IIA 的报告，"就 ERM 而言，只要内部审计没有实际管理风险的职责（这是管理层的责任），高级管理层积极认可和支持 ERM，内部审计就可以提供咨询服务。"

8.2 在内部控制和风险接受范围内对 EROM 进行独立审查的问题

8.2.1 概述

对基于本书提供的原则、建议和模板的 EROM 方法进行独立审查，需要关注：导致选择和实施风险缓解措施、机会行动，特别是风险和机会驱动因素相关的内部控制的所有活动。由于有关内部控制保证声明的要求，审查还必须关注实施缓解、行动和控制后的剩余累积风险和机会是否可接受。由于这些选择和决定，最终取决于前几章中讨论的所有程序的执行，因此独立审查必须考虑以下所有内容：

(1) EROM 团队的结构。

(2) 如何制定目标层级结构以及如何确定目标之间的关联。

(3) 风险容忍度和机会偏好是如何从决策者对风险机会平价的观点得出的。

(4) 如何识别风险和机会情景。

(5) 如何识别、监控和评价风险及机会先行指标。

(6) 如何将风险和机会情景汇总到累积或总体风险和机会。

(7) 如何识别和评价风险及机会驱动因素。

(8) 如何根据风险和机会驱动因素，识别和评价风险缓解措施、机会行动和内部控制措施。

(9) 如何优化资产分配和风险/机会的应对/控制，以实现累积或总体风险和机会的理想平衡。

(10) 相关执行计划的可行性如何。

(11) 是否接受或拒绝剩余的累积或总体风险和机会。

8.2.2 评价 EROM 过程和结果的模板

表 8.1 列出了审查团队需要针对每个评价类别关注的问题。在每个类别下，模板提供了：评价事项描述、评价结果、改进建议（如果有）以及解决状态（如有要求）。

表 8.1 EROM 过程和结果评价模板

序号	评价事项描述	评估结果	改进建议	解决状态
EROM 团队结构				
1	是否恰当定义企业范围内的 EROM 团队和每个子团队的职责和任务			
2	企业范围内的 EROM 团队和每个子团队是否具有适当深度和多样性的技能和经验来成功完成他们的任务			
3	企业范围内的 EROM 团队与每个子团队之间是否定期安排沟通，且沟通是足够频繁且有效的			
4	是否有一个企业范围内的 EROM 信息数据库，所有参与者是否充分可用，并考虑了在适当情况下保护敏感和专有信息的需要			
5	每个参与实体的各级管理层是否积极并直接支持 EROM 的工作			

续表

序号	评价事项描述	评估结果	改进建议	解决状态
目标层次结构的建立和关联接口的识别				
6	与组织目标的定义和意图有关的所有重要信息来源,是否已被识别和被正确解释			
7	所有重要的组织目标是否都包含在层次结构中			
8	目标之间的所有重要关联接口是否都已确定并被准确表示			
9	是否清楚、完整和准确地说明了识别和解释目标之间关联接口的基本依据			
风险容忍度和机会偏好的推导				
10	是否已识别并询问所有重要的利益相关者和决策者,以便为每个顶层组织目标建立风险和机会平价声明			
11	利益相关者和决策者的反馈,是否被正确解释并被准确地转化为每个目标风险和机会的监控边界和应对边界			
12	是否明确、完整和准确地说明了为每个目标建立监控边界和应对边界的依据			
识别风险和机会情景				
13	是否已识别并正确解释了与组织风险和机会有关的所有重要信息来源			
14	EROM 分析中是否包含了所有重要的风险和机会情景,包括那些影响总项目/项目成功、核心能力和组织健康的情景			
15	EROM 分析中是否包含了利用每个已识别机会所衍生的所有重大风险			
16	是否已识别并准确表示风险和机会情景与组织目标之间的所有重要接口			
17	是否清楚、完整和准确地说明了识别、解释和分配风险和机会情景到目标的基本依据			
18	是否已经确定了跨领域的风险和机会情景,是否在受影响的组织单位中对其进行了一致的定义和处理			
19	是否有额外的机会(目前未考虑)建立新目标,以显著推动组织使命的实现			

第8章 对EROM过程和结果进行独立审查以确保内部控制措施的充分性并为风险接受决策提供信息

续表

序号	评价事项描述	评估结果	改进建议	解决状态
识别风险和机会先行指标				
20	是否已识别并包含每个已知风险和机会情景的所有重要的先行指标,以供考虑			
21	是否考虑了促进未知和低估风险的先行指标			
22	是否识别并正确解释了先行指标与其相关目标之间的(函数)关系			
23	是否识别了跨领域的风险和机会的先行指标,是否在受影响的组织单位中对其进行了一致的定义和处理			
风险和机会先行指标的评价				
24	是否在先行指标值与每个目标成功的可能性之间建立了相关性,这些相关性是否透明且可验证			
25	是否为影响每个目标的所有先行指标建立了监控和应对触发值,它们是否与风险和机会监控和应对边界值一致			
26	是否清楚、完整和准确地说明了设置先行指标触发值的基本依据			
27	是否识别和正确解释了与先行指标的现状和趋势有关的所有重要信息来源			
28	是否准确评价先行指标的现状和趋势			
29	是否清晰、完整和准确地陈述了评价先行指标状态和趋势的依据			
30	在受影响的组织单位中,是否对跨领域先行指标进行了一致的评价			
汇总风险和机会				
31	是否从目标层次结构的底层到顶层系统地汇总风险和机会,以确定总体风险和机会			
32	汇总是否考虑了所有已识别的重要先行指标和所有已确定的目标之间的重要接口			
33	是否识别并正确解释了与每个目标对其他目标的重要性有关的所有重要信息来源,以及冗余和变通办法的缓解效果			
34	风险和机会汇总是否准确反映了所有重要的接口、冗余和变通方法			
35	对于商业企业,可货币化的风险和机会的定量和定性汇总结果是否一致			
36	是否清楚、完整和准确地说明汇总的依据			

续表

序号	评价事项描述	评估结果	改进建议	解决状态
	风险和机会驱动因素的识别和评价			
37	风险和机会驱动因素的推导,是否单独或组合考虑硬件应对、软件应对、人员应对、控制、假设和组织因素,而不仅仅是硬件和软件应对			
38	每个衍生风险和机会驱动因素,是否为顶层目标总体风险或机会的重要性级别的变化的原因(例如,从绿色/可容忍风险,变为黄色/微小,或红色/不可容忍风险)			
39	已识别的风险和机会驱动因素,是否准确反映了风险和机会识别模板、先行指标识别和评价模板、目标界面模板以及风险和机会汇总模板中所描述的基本依据			
40	风险和机会驱动因素列表,是否包含针对每个顶层目标的完整驱动因素			

参 考 文 献

Institute of Internal Auditors (IIA) of the UK. 2009. "IIA Position Paper: The Role of Internal Auditing in Enterprise-Wide Risk Management." (January).

Office of Management and Budget (OMB). 2016. OMB Circular A-123 "Manage-ment's Responsibility for Enterprise Risk Management and Internal Control." (July 15).

US Department of Energy (DOE). 2014. "Internal Controls Evaluations: Fiscal Year 2014 Guidance." (February 10).

第9章　EROM与其他战略评估活动的潜在整合概述

许多TRIO企业组建独立的、跨组织的团队，来评价其各领域的进展并提出变革建议，包括：①技术能力和相关的资产分配；②为实现企业使命而实施的战略；③总项目、项目、活动和计划的跨组织执行和整合。我们将这些企业级团队分别称为技术能力评估（TCA）团队、战略年度评审（SAR）团队和项目组合绩效评价（PPR）团队，不过不同的组织可能有不同的术语。组建和实施与这些其他团队或多或少并行运作的整合EROM团队，可能会有这样的问题：EROM团队是否会促进和加强TCA、SAR和PPR团队的重要工作，还是只重复这些团队的工作。简短的回答是，整合EROM团队通过将风险和机会引入整体讨论，并在评估和评审、评价过程中严格考虑它们，从而为这些其他团队提供关键服务。本章简要阐述了EROM和其他跨组织团队之间的互动。

9.1　技术能力评估（TCA）

TCA团队负责检查TRIO企业的技术能力与企业的长期战略需求、项目管理委员会的近期需求，以及技术中心的追求和价值观的一致性。TCA团队的目的是建立更有效的运营模式，以维持满足当前和未来任务需求的最小技术能力集，同时适应定期发生的项目组合变化。

如图9.1上半部分所示，TCA方法可能基于一个三维模型，其中技术能力是第一维，组织实体是第二维，解决方案是第三维。在这种情况下，技术能力包括用于满足TRIO企业技术目标的所有人力资源（员工和承包商）和实物资产（设备和设施）。解决方案是指由企业目标的分解和实施产生的、当前和未来的组合内容（总项目、项目、系统、子系统、活动、计划）。分析模型可帮助TCA团队正确确定企业员工和实物资产的规模。

本书中描述的EROM方法，可以通过两种方式与典型的TCA方法协同互动。一种方式涉及从TCA到EROM的信息传输，其中TCA团队向EROM团队提供对技术中心的机构计划、技术中心的任务支持活动、项目委员会对总项目

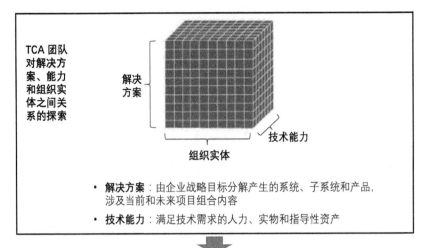

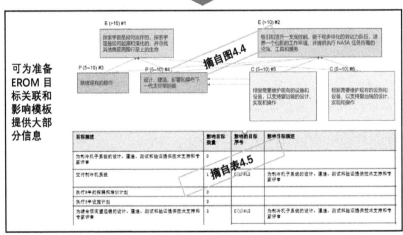

图 9.1 TCA 程序与 EROM 目标关联和影响模板之间的关系

和项目之间存在的所有接口的理解，以及 TRIO 的战略目标。另一种方式涉及相反方向的信息传输，其中 EROM 向 TCA 团队提供风险和机会如何影响员工和其他资产的合理规模的评估。图 9.1 和图 9.2 分别提供了这两种相互作用机制在高层级的示意图。

EROM 聚焦于将平衡风险和机会的方法，纳入合理资产规模的调整过程，这是 EROM 独有的。未来员工和其他资产的规划，应包括对风险和机会中反映的不确定性的合理评估，因此，EROM 应成为此 TCA 职能的重要组成部分。

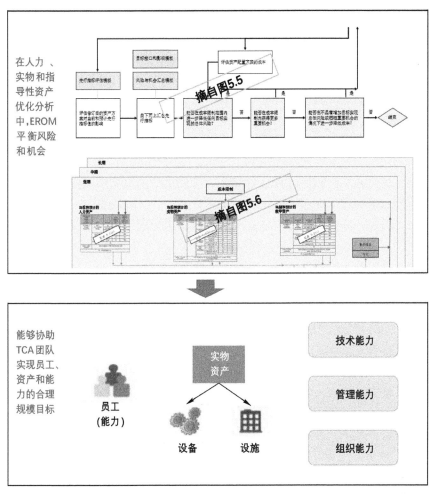

图 9.2 EROM 基于风险和机会的资产优化过程
与 TCA 合理资产规模目标之间的关系

9.2 战略年度评审（SAR）

对于联邦机构而言，战略年度评审（SAR）程序，是 TRIO 企业对 GPRA 修正案要求每个机构对其绩效目标和目的进行年度评审的回应。根据其战略计划，每个机构通过考虑其多年和年度绩效目标的状态、绩效指标、风险和相关风险指标、外部因素，以及其他未来可能影响结果或对结果造成威胁的事件，评估其实现战略目标的进展情况。

正如 OMB 通告 A-11 的 270.10 节（2014）所述："与战略目标相关的单个量化绩效目标的进展，是一个重要的考虑因素，但单独一个绩效目标，并不能反映影响联邦机构正努力实现的项目成果和结果的范围、复杂性或外部因素。"机构还应考虑的其他因素有：

（1）机构寻求改善的最终结果是否发生了预期的变化，以及这些结果是否可以直接测量，或必须通过指标或其他评价手段进行评估。

（2）与战略目标或相关项目相关的评价、研究、数据和政策分析或其他评估。

（3）从过去不断改进服务交付和解决管理挑战的努力中吸取的教训，特别是在跨组织单位和与交付合作伙伴的协调方面。

（4）识别、评估和排序可能在未来一两年内显著影响项目交付或结果的潜在风险。

（5）可能影响进展的预算、监管或立法限制。

此外，如 270.11 节所述：

（6）"为支持识别、评估和排序可能在未来一两年内显著影响项目交付或结果，及战略目标实现的潜在风险，鼓励机构在进行战略评审时利用任何现有的全面风险管理工作。"

对最后一项的合理解释是，与 EROM 方法的使用相一致，OMB 鼓励机构不仅关注可能在未来一两年内对项目交付或结果产生重大影响的潜在风险，如上述要点所述，还要关注可能影响更远未来战略目标的长期风险。然而，目前只是鼓励但不是强制要求使用更长期的观点。

第 4 章至第 7 章中的 EROM 模板，包含有关单个风险和机会以及关键先行指标的信息，可以极大地促进对战略、绩效目标、风险、机会和相关指标的战略年度评审。特别是，模板既提供了 GPRA 修正案和 OMB 通告 A-11 要求的近期绩效目标报告，也提供了对 TRIO 企业战略评价很重要的长期目标的报告。

除了改进对目标层级结构中每个级别目标状态的评价之外，EROM 汇总模板还帮助使用者深入了解较低级别的风险和机会，如何影响战略目标的实现可能性。由于汇总过程以理性和透明的方式，考虑了影响每个战略目标的大量单个风险和机会情景，因此汇总模板中的信息，可以显著提高对每个战略目标的 SAR 评价合理性的保证。

图 9.3 和图 9.4 简要说明了 EROM 模板为 SAR 程序提供有用信息的方式。

第9章 EROM与其他战略评估活动的潜在整合概述

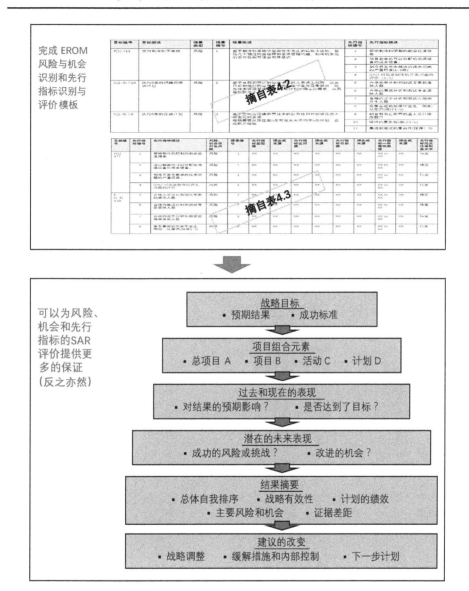

图9.3 EROM风险和机会识别、先行指标评价模板与SAR程序之间的关系

9.3 项目组合绩效评价（PPR）

项目组合绩效评价（PPR）是对TRIO企业内的总项目、项目和活动的定期高级绩效管理评审。其目的是整合TRIO企业范围内的绩效指标和分析结果

201

完成EROM风险和机会汇总模板	指引指标序号或影响目标序号	指引指标描述或影响目标	综合指标	指引指标相关或目标累积风险	目标累积风险	汇总原理
	无	无	无	无	无	无风险进入
	1	冷冻机开发的剩余计划储备	无		TBD	TBD
	2	项目的剩余成本储备可以分配给低温系统。	无			
	3	未解决的低技术问题的严重性(1-5级)	无			
	4	制冷机发展问题(1-5级)的 GAO 评价	无			
	C(1)#12	为低温子系统的设计提供技术支持和专家评审	无	无		
	5	合格的光学分析测试专家退休人数	无		TBD	TBD
	6	合格的综合分析测试专家退休人数	无	TBD		
	7	合格的光学分析测试应届毕业生人数	无	TBD		
	8	竞争最近的光学毕业生，例如，来自军队	无	TBD		

摘自表4.6

	先行指标编号或关联目标编号	先行指标描述或关联目标	综合指标	先行指标重要性或关联目标累积机会	目标的累积机会	汇总依据
	无	无	无	无	无	没有机会进入
	18	高红外摄像机分辨率的技术准备水平	待定(+)		待定	待定
	19	SLS Orion 的就绪级别，包括对接能力	待定(+)			
	20	SLS/Orion 的预测 P(LOC)	待定(+)			
	21	SLS的预测 P(LOM)	待定(+)			
	22	一次交会任务的预测成	待定(+)			

摘自表4.9

可以提供更大的保证，保证对每个战略目标成功的SAR评价是合理的	战略目标编号	战略目标描述	等级(红色,黄色,或绿色)	等级解释
			绿色	
			绿色	
			绿色	
			红色	
			黄色	
			绿色	

图 9.4 EROM 风险和机会汇总模板与 SAR 程序之间的关系

的沟通，突出影响绩效和影响风险的跨领域问题，并使高级管理层能够快速解决问题。对于联邦机构，PPR 满足 GPRAMA 和 OMB 通告 A-11 第 6 节中包含的季度进度评审要求。

对于大多数 TRIO 企业而言，PPR 往往更多地关注当前问题而不是风险（潜在的未来问题），因此与 TCA 计划和 SAR 审查相比，它的关注点往往更短。根据 Smalley（2013）的说法，"BPR（与 PPR 类似的 NASA 术语）是该机构所有常规业务过程绩效监控活动的顶峰,在关键决策点之间提供持续的绩效评价。"BPR/PPR 是"'以行动为导向',旨在提高绩效,并告知机构决策机构需要注意的问题。"

EROM 往往比 PPR 更注重长期,但它也有一部分处理短期绩效目标,通过年度绩效目标的成功或失败来衡量(见 3.1.1 节)。因此,EROM 与 PPR 的相关性传统上主要针对短期绩效。对于 PPR 程序具有更长期、更具战略性的绩效评价视角的 TRIO 企业,EROM 和 PPR 之间的接口具有更大的范围。

在更具战术性的绩效评价方法中,EROM 和 PPR 可以在多个领域进行衔接。PPR 程序的活动包括信息收集,通常通过发送到 TRIO 企业内所有领域的问卷,以及通过实际评审会议上的参会人互动获得。这些数据可以帮助填充处理 EROM 的风险、机会和先行指标识别和评价模板,以及风险和机会汇总模板。最重要的是,有关先行指标的状态和每个任务执行领域(成本、进度、技术和安全)内的现有储备及其随时间变化的趋势的信息对 EROM 程序很有价值。

在将评估结果从总项目/项目级汇总到项目委员会和技术中心级别时,EROM 还可为 PPR 过程提供有用的信息。正如本书通篇所讨论的,EROM 程序不仅适用于整个 TRIO 企业,也适用于 TRIO 企业内的各个管理单位。EROM 汇总和高级显示模板在项目委员会和技术中心级别使用时,可对每个委员会和中心实现其顶层目标的成功可能性进行排序。这些排序可以为 PPR 提供有用的信息,以便 PPR 尝试为每个委员会和中心提供评估汇总。

PPR 程序向 EROM 程序提供信息的方式,类似于图 9.1 中的 TCA-EROM 关系和图 9.4 中的 EROM-SAR 关系示意图,反之亦然。

参 考 文 献

Office of Management and Budget (OMB). 2014. OMB Circular A-11. "Preparation, Submission, and Execution of the Budget." https://www.whitehouse.gov/sites/default/files/omb/assets/a11_current_year/a11_2014.pdf.

Smalley, S. 2013. "Baseline Performance Review: NASA's Monthly Performance Update and Independent Assessment Forum," Presentation to National Defense Industrial Association, NASA Office of Chief Engineer.

第 10 章 分层的内部控制整合框架

10.1 内部控制原则和内部控制、风险管理和治理的整合

本章探讨如何将 TRIO 组织的内部控制与全面风险和机会管理（EROM）充分整合。本章是对早期章节（特别是 3.6 节和 4.7 节）的扩展和延续，旨在美国行政管理和预算局（OMB）在通告 Circular A-123（OMB，2016）中发布的关于 EROM 和内部控制的最新要求。本章还在多个领域建议了超过最低 OMB 要求的创新方法。

总之，本书提倡以下内部控制的基本原则：

(1) 内部控制应源自组织的战略目标、战术目标和核心运营标准，以及对影响组织实现这些目标和标准的能力的风险和机会驱动因素的考虑。

(2) 驱动因素取决于最显著影响总体风险和机会的因素，而不仅仅是根据单个风险和机会本身确定。

(3) 内部控制措施的识别和评价，主要侧重于保护假设和/或纠正需要解决的实际和潜在缺陷，以便在决策者的风险容忍度和机会偏好范围内有效地控制总体风险和机会。

(4) 内部控制措施，应该是组织的员工思考可能出错的地方，以及可采取哪些措施来监控和防止出错的结果。

最初，控制理论是为机械系统开发的，以确保它们在预定约束内运行并实现其运行目标。在机械系统的背景下，约束通常由压力、温度和流量等物理变量定义。该系统由反馈回路（称为控制回路）进行调节，以确保在需要时通过机械传动装置监控和调整这些变量，使其保持在设计范围内。

基于控制回路的控制理论，最近已应用于组织的内部控制中。组织内部控制的以下原则在此处提出并在 10.2.1 节中展开描述：

内部控制回路通常可以而且应该以分层方式推广和实施，组织内的每个级别，都应以协同方式为整体内部控制框架作出贡献。[①]

控制的层级结构类似于大公司或机构中的组织结构。它们包含一个主控制

回路，类似于公司或机构的管理层职能，以及一系列嵌套的下级控制回路，类似于公司或机构的组织实体和子单位的层级结构。但控制回路的层级结构并不完全反映组织的层级结构，因为它们旨在满足可超越组织层级结构的控制需求。以下原则适用于此：

组织内的内部控制结构和组织管理结构之间应该有明确的映射，以便制定和实施控制的角色和责任分工，在组织实体中得到明确界定。

创建控制的层级结构的原则在以下意义上类似于创建组织层级结构的原则：

（1）内部控制的层级结构应促进角色和责任分工的定义，以确保所有重要的控制，都有负责人或所有者以及监督者。

（2）它们应该使较低级别的组织单位意识到，其具有"支持存在于较高级别组织的较高级别控制"的控制职责。

（3）它们应该非常适合与 EROM 层级结构整合。

正如前面 2.4.2 节和 4.8.2 节所讨论的，当为组织的每个单位建立 EROM 团队，团队之间横向和纵向交流频繁时，组织范围的风险和机会管理效果最好。内部控制结构也是如此。通过这种方式，风险和机会以及内部控制措施可以在组织的每个级别得到一致的处理，并且可以很容易地从下到上进行汇总。

OMB 通告 A-123 中讨论了组织内的内部控制、风险管理和治理等关键管理职能之间的关系。如图 2.8 所示，OMB 通告将内部控制视为总项目/项目风险管理的一部分，将总项目/项目风险管理视为全面风险管理的一部分，将全面风险管理视为治理的一部分。

为便于讨论，图 10.1 和图 10.2 说明了这些组织管理职能中包含的主要要素以及它们之间的联系。图 10.1 在概念上与图 2.6 相似，但重新格式化以突出当前背景下的整体关系，并使其适用于战略规划；而在概念上与图 2.7 相似的图 10.2 适用于绩效评价。他们都是致力于治理、风险管理和内部控制的同等重要的机构管理职能。

图 10.3 以非常简化的形式，描述了执行这些管理职能的各级别组织之间的关系。读者可参考 3.6.6 节，将本书提倡的内部控制和 EROM 的双向整合，与 COSO 提倡的更单向的方法进行比较。

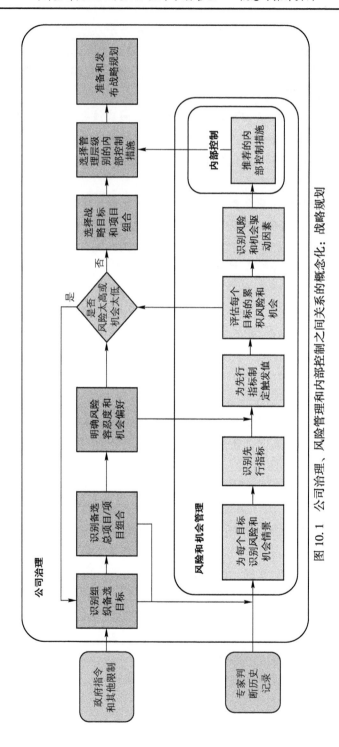

图 10.1 公司治理、风险管理和内部控制之间关系的概念化：战略规划

第 10 章 分层的内部控制整合框架

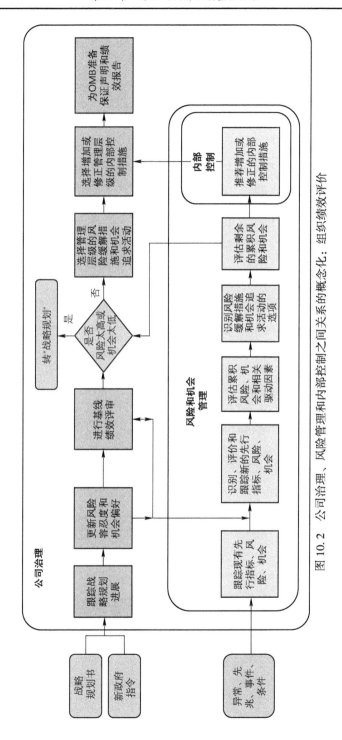

图 10.2 公司治理、风险管理和内部控制之间关系的概念化：组织绩效评价

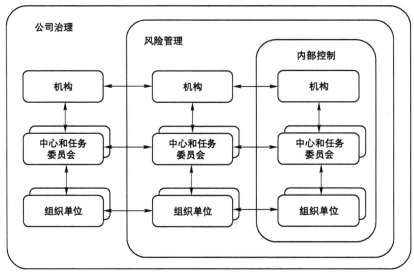

图10.3 组织的管理职能和组织的管理层级之间接口的简化示意图

10.2 方法论依据

10.2.1 分层的控制回路

根据韦氏词典（Merriam-Webster）的定义，"控制回路是由反馈所调节的操作、程序或机制"。图10.1和图10.2中的反馈回路，用于为程序提供信息，但不能专门用于调节它，因此不是韦氏词典定义的控制回路。

图10.4显示了基于Leveson（2011）提出的模型控制回路的简化表示。控制器从可测量变量中获取有关程序状态的信息，并通过控制受控变量，来使用该状态信息启动操作，以保持程序在预定义的限制或设定点内运行。这种形式的单独控制回路，通常用于组织的近期、中期和长期目标，这些目标也被认为是实现其使命的关键。

控制回路最初是为机械系统设计的，如图10.5所示。在这个简单的例子中，使用强制空气加热/冷却系统（控制机制）将封闭空间的温度保持在舒适的温度范围内（控制过程输出）。

温度（可测量变量）由温度计（监测机制）测量，加热/冷却系统由恒温器（控制器）驱动。必要的空气流量和空气温度受居住荷载、设备热负荷、室外温度和墙壁隔热量（过程输入）的影响。系统会受到各种可能导致其故障的危害，包括恶劣的天气和机械/电气故障（实际/潜在干扰）。

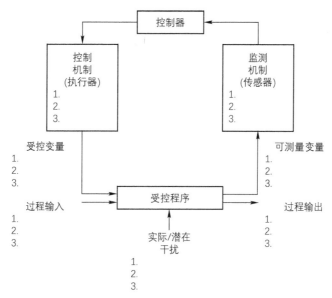

图 10.4　标准的控制回路样式

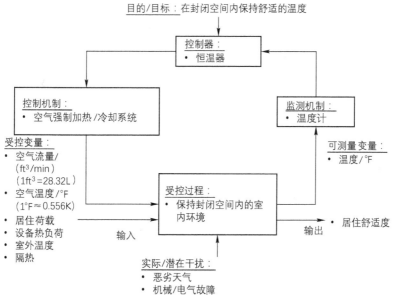

图 10.5　机械系统的简单控制回路示例

当用于 TRIO 企业的内部控制时,将内部控制结构视为由控制回路的层次结构组成是有用的,如图 10.6 所示。其重要特点如下:

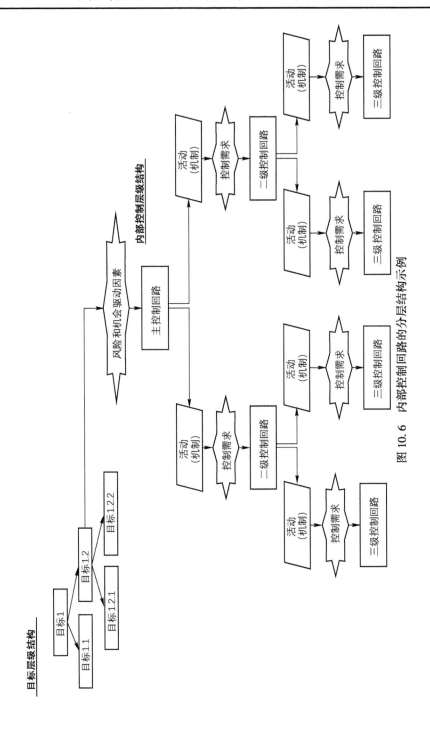

图 10.6 内部控制回路的分层结构示例

（1）主要控制回路源自组织的目标，源自风险或机会驱动因素，并遵循图 10.4 的样式。

（2）主控制回路中的每个监控和控制机制都被认为是一种活动，其本身可能需要通过辅助控制回路进行控制。如果活动的风险要素（在图中称为"控制需求"）需要监控并在适当时采取行动，则需要二级控制回路。

（3）同样，二级控制回路中的每个监控和控制机制，都被视为可能需要通过三级控制回路进行控制的活动，这取决于适用于它的风险。如果需要，可以继续开发下一级别的控制回路层级结构。

10.2.2　RACI 矩阵

控制层级结构中的较低级别控制回路所对应的每个活动，都分配给组织中的适当实体进行适当的管理监督，并与该活动有利益或义务的其他实体之间进行沟通。这样做的一个常用方法是开发一个批准、负责、咨询、知情（RACI）矩阵（Smith，2005），它定义了对每项活动批准、负责、咨询和知情的组织和人员。表 10.1 显示了 RACI 矩阵的示例形式。

表 10.1　RACI 矩阵示例

RACI 定义：									
R = 负责确保项目完成的人员或角色									
A = 负责实际执行或完成项目的人员或角色									
C = 完成项目所需具有专业知识的人员或角色									
I = 完成项目需要随时咨询信息的人员或角色									
控制回路	监控或控制活动	R		A		C		I	
		组织	人员	组织	人员	组织	人员	组织	人员

10.3 案　　例

10.3.1 示例1：风险管理和系统安全的机构责任

在此示例中，我们考虑 TRIO 企业内的安全和任务保证（SMA）组织，其主要职责是在企业内推动、发布和帮助实施统一的风险管理架构和统一的系统安全架构。SMA 组织负责制定和推动实施政策和标准，这些政策和标准用以说明风险管理和系统安全架构中所有具有战略重要性的企业活动，涵盖所有适用的风险和相互作用，以及跨组织边界整合风险管理和系统安全。其内容包括工程和管理原则的应用、标准，以及在运营效率、时间和成本约束下优化风险管理和安全的技术。

基于上述内容，图 10.7 显示了 SMA 组织在风险管理和系统安全方面作用的一个相当简化的控制回路。这种情况下的主要控制者是 SMA 组织。此处选择展示的控制活动（或机制）包括风险管理和系统安全政策、程序、标准和指南的制定和更新；提供风险管理和系统安全培训；风险缓解方案咨询；依靠

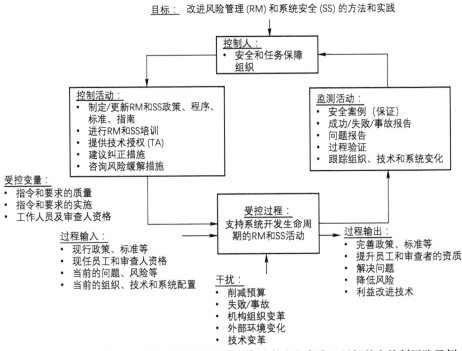

图 10.7　用于"改进企业内风险管理和系统安全的方法和实践"目标的主控制回路示例

技术权威来确保技术质量。

为了使控制回路以最佳方式工作，可能需要对几个（如果不是全部）主控制回路的监控活动和控制活动，使用辅助控制回路。例如，图10.7中的控制活动"制定/更新 RM 和 SS 政策、程序、标准、指南"，需要一个控制回路来确保活动在需要时启动，并且成果满足企业的需求。为了给这项活动建立一个有意义的二级控制回路，首先设计一个流程图，描述制定和更新 RM 和 SS 政策、程序、标准和指南所涉及的各种活动，如图10.8下半部分所示。图10.9反映流程图中主要因素的控制回路。二级控制回路的控制活动，包括确保利益相关者的观点得到表达，政策和程序适用且全面，并且与 TRIO 企业的其他政策兼容。

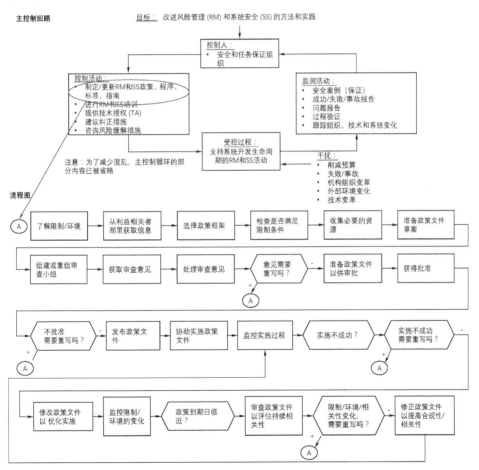

图 10.8　控制活动"制定和更新风险管理和系统安全政策、程序、标准和指南"的流程图

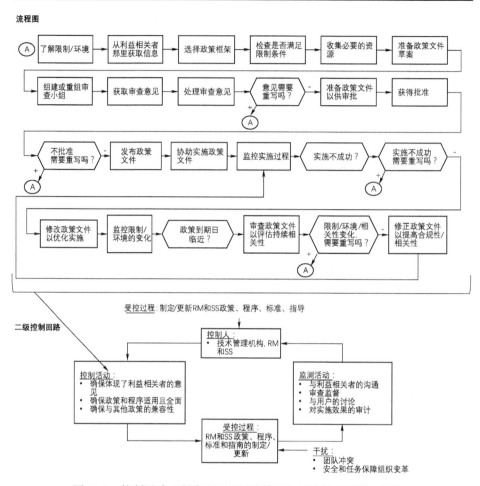

图 10.9 控制活动"制定和更新风险管理和系统安全政策、程序、标准和指南"的二级控制回路

类似地，可以设计三级控制回路，以确保二级回路中的每个活动按预期工作。例如，图 10.9 中的监控活动"审查监督"可能需要进行控制，以确保审查小组的能力保持高水平，尽管小组内部可能发生更替、成为审查员所需的经验和专业领域发生变化，以及/或有权为审查程序分配预算和人力资源的管理人员发生变化。图 10.10 显示了基于这些考虑的流程图和三级控制回路。

控制回路分层转移的结果，可以总结在类似于表 10.2 的表格中。批准、负责、咨询和知情每项监控和控制活动的状态和结果的人员和组织，可以记录在类似于表 10.3 的表格中。表 10.3 的每个单元格中需要有填入，以便控制结构内没有空白。

第10章 分层的内部控制整合框架

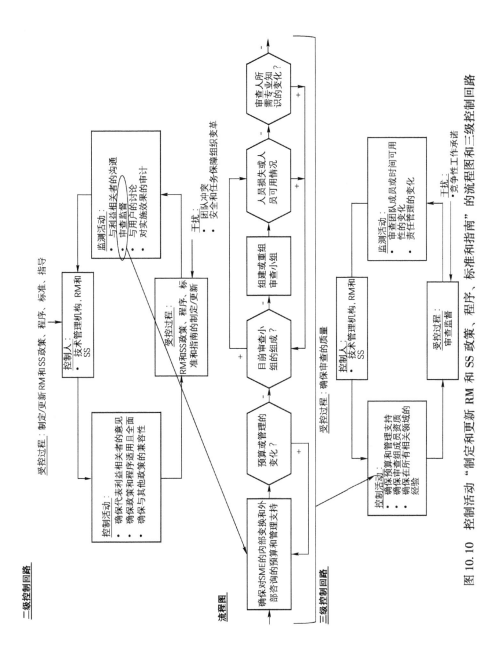

图 10.10 控制活动"制定和更新 RM 和 SS 政策、程序、标准和指南"的流程图和三级控制回路

表10.2 安全和任务保证组织的级联活动、缺陷和控制活动汇总图表示例

目标	风险或机会驱动因素	主控制回路	活动(M/C)①	实际或潜在缺陷	二级控制回路	活动(M/C)	实际或潜在缺陷	三级控制回路	活动(M/C)	实际或潜在缺陷	活动(M/C)
改进风险管理和系统安全方法和实践	RM 和 SS 政策、程序、标准、指南和过期的文档(风险)	图 A	制定更新 RM 和 SS 政策、程序、标准、指南(C)	利益相关者和用户的观点无法准确表达	图 B	定期与利益相关者和用户交流(M) 确保利益相关者的观点得到表达(C)					确保预算和管理层支持(C) 监控责任管理层的变化(M)
				政策和程序可能不完整、不兼容或不适用			预算不足和/或缺乏对矩阵的支持	图 D			确保审核组成员的资格(C)
	RM 和 SS 政策实施无效或低效等(风险)	图 A	改进 RM 和 SS 培训(C)		图 C	监督审查(M)	审查与需要不符的团队资质和或经验				确保所有相关领域的经验(C) 监控审核团队成员或时间可用性的变化(M)
其他	其他										

① M = 监控活动, C = 控制活动。

表 10.3 SMA 的 RACI 图表示例

控制回路	监测（M）或控制（C）活动	R		A		C		I	
		组织	人员	组织	人员	组织	人员	组织	人员
图 B	定期与利益相关者和用户沟通（M）	X	X	X	X	XX	XX	XX	XX
	确保利益相关者的观点得到体现（C）	X	X	X	X	XX	XX	XX	XX
图 D	确保预算和管理支持（C）	X	X	X	X	XX	XX	XX	XX
	监控负责管理的变化（M）	X	X	X	X	XX	XX	XX	XX
	确保审查组成员资质（C）	X	X	X	X	XX	XX	XX	XX
	确保所有相关领域的经验（C）	X	X	X	X	XX	XX	XX	XX
	监测审查团队成员或时间可用性的变化（M）	X	X	X	X	XX	XX	XX	XX
其他									

10.3.2 示例 2：NASA 商业载人项目基于风险的保证过程和共享保证模型

如 7.3.1 节所述，NASA 商业载人项目（CCP）的目标，是开发使用商业空间系统将乘员运送到近地轨道，包括国际空间站（ISS）的能力。为了在规定的约束条件内执行该项目，CCP 采用了一种旨在提高安全性和可靠性的方法，同时最大限度地减少进度延误和成本超支。如 7.3.2 节所述，该方法被称为使用共享保证模型的基于风险的保证（RBA）程序（Canfeld, 2016; Kirkpatrick, 2014）。共享保证方法，利用每个支持组织的独特技能和专业领域，同时最大限度地减少组织重叠并保持适当的制衡水平。根据包括设计和工艺的复杂性、成熟度、过去表现和专家判断在内的一组因素，决定供应商识别的哪些危害需要由 NASA 人员分析，哪些不需要。需要的则由 NASA 监督并分配到 NASA 的产品保证行动（PAA）列表中。

由于 RBA 程序和共享保证模型是 NASA 的一种新的保证方法，因此该方法本身需要有一套实施控制来确保其效率和效果。这些控制措施，尤其需要解决"负责确保系统各个部分的人员之间沟通质量和严谨程度"，并确保充分解决跨部门和全系统的问题。

图 10.11 描述了一个备选的主控制回路，它可以在保持 RBA 程序和共享保证模型完整的同时，满足上节提到的需求。控制回路被标记为"备选"，因为它试图提供所需的监控和控制操作尚未完成审查。控制过程的输入是现有的

沟通计划、将单个危险分配给 BAA 的风险设定点、缓解措施和对这些缓解措施的相关内部控制措施、单个危害的风险评分以及每个 CCP 目标的总体风险。输出是一套修订后的沟通计划、风险设定点、缓解措施的相关内部控制措施、每个危害的剩余风险评分以及每个目标的剩余总体风险。主要监控活动包括分析（接口危害分析和集成安全案例）、监控团队（RBA 团队和安全技术审查委员会）和独立技术机构（ITA）。主要控制活动包括沟通计划（实体之间的预定交互）、风险设定点的调整、引入的缓解措施，以及包括供应商和 NASA 人员在内的全组织风险管理团队的权限分配。

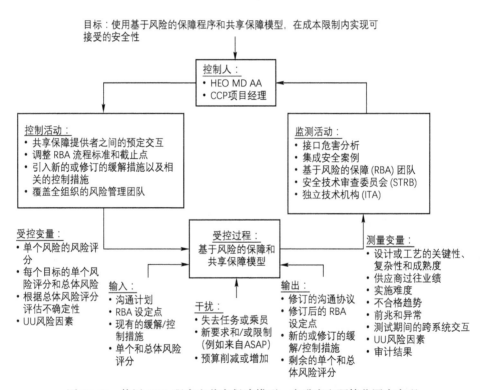

图 10.11　使用 RBA 程序和共享保障模型，在进度和预算范围内实现可接受安全性的 CCP 目标的主控制回路示例

如示例 1，可为每个监控和控制活动设计二级、三级甚至更低级别的控制回路。虽然在这个例子中尝试这样做还为时过早，主要是因为它需要一定程度的细节，需要 CCP 人员的参与，但可以提供可能的监控变量和活动类型的概述，包含在这些较低级别的控制回路中。表 10.4 给出概要。

表 10.4　CCP 基于风险的保障过程和共享保障模型的二级和
三级控制回路的备选要素

受控过程	监测变量	控制机制
1. 维持合格人员	• 人员流失 • 工作人员可用性 • 员工专业领域	• 招聘计划 • 激励 • 员工转换 • 培训项目
2. 维持合格审查团队	• 审查人可用性 • 审查专家 • 审查人所属单位	• 组织间协议 • 与外部实体共享协议
3. 维持所需政策和流程	• 环境组织或技术的变化 • 实施成功	• 环境、组织和技术的定期审查 • 文件更新的预算分配
4. 维持 IT 能力	• 带宽需求 • 网络威胁 • IT 设备老化	• 定期审查网络威胁 • IT 系统改进的预算分配
5. 鼓励良好沟通的规定	• 沟通协议的实施 • 参加跨学科会议	• 沟通培训 • 跨组织沟通的管理支持
6. 访问外部生成的信息	• 信息来源链接 • 访问专有或敏感信息	• 对可用资源的定期审查 • 保密协议
7. 有效及时地跟踪前兆和异常	• 跟踪系统的效率/有效性 • 遵循最佳实践	• 全面、可访问且用户友好的数据库 • 前兆和异常报告协议
8. 有效及时地跟踪前兆和异常	• 跟踪系统的效率/有效性 • 遵守最佳实践	• 全面、可访问且用户友好的数据库 • 管理监督
9. 有效及时地实施豁免/例外	• 相关豁免和例外所需的时间 • 从其他项目中吸取的教训	• 及时提交豁免和批准的激励措施 • 升级豁免决定的协议
10. 有效及时的审批流程	• 批准相关流程所需的时间 • 审批积压	• 明确审批职责 • 与审批机构密切协调

10.4　将内部控制原则纳入控制回路方法

现有的内部控制框架，不仅强调将组织的战略和/或顶层目标作为控制回路设计的起点，而且还强调良好实践的原则。例如，GAO 绿皮书（GAO，2014）提供了 17 条原则，旨在指导组织的内部控制评价。绿皮书的表述与 COSO 内部控制整合框架（COSO，2013）中的表述相似，同样基于遵守 17 条原则。绿皮书基本上调整了 COSO 原则，使其适用于政府机构。

如表 10.5 所列，这些原则涵盖诚信和道德价值观、管理监督、责任和授权、员工能力、政策制定、沟通和其他实践。每个原则背后都有一套实现途径（在绿皮书中称为属性）。如表 10.6 所列，这些实现途径主要包括一套最佳做法和标准。

表 10.5　美国政府问责局内部控制绿皮书原则（GAO，2014）

（1）监督机构和管理层应表现出对诚信和道德价值观的承诺。
（2）监督机构应监督实体的内部控制系统。
（3）管理层应建立组织结构、分配责任并授权以实现实体的目标。
（4）管理层应表现出对招聘、培养和留住合格人员的承诺。
（5）管理层应评价绩效并使有人对其内部控制职责负责。
（6）管理层应明确定义目标，以识别风险并定义风险容忍度。
（7）管理层应识别、分析和应对与实现既定目标相关的风险。
（8）管理层在识别、分析和应对风险时应考虑欺诈的可能性。
（9）管理层应识别、分析和应对可能影响内部控制系统的重大变化。
（10）管理层应设计控制活动以实现目标和应对风险。
（11）管理层应设计实体的信息系统和相关控制活动以实现目标和应对风险。
（12）管理层应通过政策实施控制活动。
（13）管理层应使用高质量信息来实现实体的目标。
（14）管理层应在内部传达必要的高质量信息以实现实体的目标。
（15）管理层应向外部传达必要的高质量信息以实现实体的目标。
（16）管理层应建立和执行监控活动，以监控内部控制系统并评价结果。
（17）管理层应及时纠正已识别的内部控制缺陷。

表 10.6　美国政府问责局绿皮书原则 1 的实现路径（GAO，2014）

（1）监督机构和管理层应表现出对诚信和道德价值观的承诺。 a. 监督机构和管理层通过他们的指令、态度和行为证明诚信和道德价值观的重要性。 b. 监督机构和管理层通过示范来展示组织的价值观、理念和经营风格。监督机构和管理层以身作则，在高层和整个组织中定下基调，这是有效内部控制系统的基础。在较大的实体中，组织结构中的各个管理层级也可能会设定"中间基调"。 c. 监督机构和管理层的指令、态度和行为反映了整个实体所期望的诚信和道德价值观。监督机构和管理层加强对做正确事情的承诺，而不仅仅是维持遵守适用法律法规所需的最低绩效水平，以便所有利益相关者（例如监管机构、员工和公众）了解这些优先事项。 d. 高层的基调可能是驱动因素，如前几段所示，也可能是内部控制的障碍。如果高层没有强有力的基调来支持内部控制系统，则主体的风险识别可能不完整，风险应对可能不恰当，控制活动可能设计或实施不当，信息和沟通可能会动摇，监控结果可能不被理解或不采取行动来弥补缺陷。 e. 管理层制定行为标准，以传达有关诚信和道德价值观的期望。实体使用道德价值观来平衡不同利益相关者（例如监管者、员工和公众）的需求和关注点。行为标准指导组织在实现实体目标方面的指令、态度和行为。

续表

f. 管理层在监督机构的监督下，在行为标准中定义组织对道德价值观的期望。管理层可以考虑使用政策、操作原则或指南向组织传达行为标准。 g. 管理层建立程序，以根据实体的预期行为标准，评价绩效并及时解决任何偏差。 h. 管理层使用既定的行为标准，作为评价整个组织对诚信和道德价值观的遵守情况的基础。管理层评价各级实体对行为标准的遵守情况。为了确保实体的行为标准得到有效实施，管理层评价个人和团队的指令、态度和行为。评价可能包括持续监控或单独评价。个别人员还可以通过定期员工会议、向上反馈流程、举报或道德热线等渠道报告问题。 i. 管理层确定偏差的容忍度。管理层可能会对偏离某些预期行为标准的实体行为采取零容忍态度；而对于其他行为标准的偏离，可能会通过向人员发出警告来解决。管理层建立评价个人和团队行为标准的遵守情况的程序，该行为标准会升级和纠正偏差。监督机构评价管理层对行为标准的遵守情况以及实体的整体遵守情况。管理层及时和一致地解决与预期行为标准的偏差。根据评价过程确定的偏差的严重程度，管理层在监督机构的监督下采取适当的行动，可能还需要考虑适用的法律和法规。但是，管理层对人员的行为标准保持一致。

麻省理工学院 Nancy Leveson 等人（2005），也将内部控制框架的起点建立在一系列原则（Leveson 等人称为系统安全要求）和每项原则的实现途径（Leveson 等人称为约束）上。如表 10.7 所列，实现目标的原则和途径主要基于最佳实践。

表 10.7 麻省理工学院进行的 NASA 独立技术权威研究：内部控制的系统安全原则和实现路径（Leveson et al., 2005）

（1）在技术决策中必须首先考虑安全因素。 a. 必须为 NASA 任务建立、实施、执行和维护最先进的安全标准和要求，以保护宇航员、工作人员和公众。 b. 与安全相关的技术决策必须独立于总项目考虑因素，包括成本和进度。 c. 与安全相关的决策必须基于正确、完整和最新的信息。 d. 总体（最终）决策必须包括对安全和项目问题的透明和明确考虑。 e. 机构必须对与安全有关的决策进行有效的评估和改进。 （2）与安全相关的技术决策必须在非常合格的专家和全体员工的广泛参与下完成。 a. 技术决策必须可信（使用可信的人员、技术要求和决策工具来执行）。 b. 技术决策在授权、责任和批准方面必须清晰明确。 c. 所有与安全相关的技术决策，在项目实施之前，必须得到负责该类决策的技术决策者的批准。 d. 必须创建机制和程序，允许并鼓励所有员工和承包商为与安全相关的决策作出贡献。 （3）安全分析从早期采办、需求开发和设计过程开始使用，并在整个系统生命周期中持续进行，且必须是可用的。 a. 必须进行高质量的系统危害分析。 b. 人员必须有能力进行高质量的安全分析。 c. 工程师和管理人员必须接受培训，以便在决策中使用危害分析的结果。 d. 必须将足够的资源用于危害分析过程。 e. 必须将危害分析结果及时传达给需要的人。必须建立一个包括承包商在内的沟通结构，并允许向下、向上和横向（例如，在这些子系统之间）进行沟通。

续表

> f. 随着设计的发展和测试经验的获得，危害分析必须是详细（精练和扩展）且最新的。
> g. 在运维过程中，必须维护危害日志，并在获得经验时使用。必须评价所有实战中的异常情况，以确定其对危险的潜在影响。
> （4）机构必须为充分表达技术良知（针对与安全相关的技术问题）提供途径，并提供一个程序以充分地解决技术冲突以及项目和技术问题之间的冲突。
> a. 必须建立沟通渠道、解决程序和裁决程序来处理技术良知的表达。
> b. 必须建立申诉渠道，以表达对安全相关决策和技术良知结构运行异常方面的投诉和担忧。

绿皮书和麻省理工学院的原则，本质上是定性的，组织是否成功满足这些原则，通常使用定性评级方法（如绿色、黄色或红色）来度量。为了对每个原则的状态进行评级，组织首先对每个实现途径的状态进行评级（如使用绿色、黄色和红色格式）。使用汇总方法将与其相关的实现途径的评级汇总到原则的评级。表 10.8 中显示了此类汇总的示例模板。

表 10.8　从实现路径等级到原则等级的汇总示例

原则编号	原则描述	实现路径编号	实现路径描述	实现路径等级（G/Y/R）	实现路径等级依据	汇总的原则等级（G/Y/R）	原则等级的汇总依据
1		a					
		b					
		c					
2		d					
		e					
		f					
其他							

在目前的情况下，每项原则获得绿色评级可被视为组织的一种运营目标，因为这些原则通常会比战略目标具有更短期的重点。由于原则是一种目标，因此可以按照与图 10.6 中的目标所示的相同方式为原则构建控制回路的层级结构。

图 10.12 说明了实现标记为"X"的原则的主要控制回路的一般示例。受监控的变量，包括对每种实现路径的评级和汇总评级。监测机制包括基于实现路径评级和综合评级对原则所处等级的自我评价和独立评价。如果汇总结果导致评级不是绿色，则评价人员将提供有关如何纠正该问题的建议。控制机制包括实施部分或全部来自自我评价和独立评价的建议。受控变量都是达到目标的实现路径。

二级和三级控制回路应遵循前面 10.2 节和 10.3 节中讨论的方法，通常包括特殊控制和通用控制。之所以称为特殊控制，是因为它们的设计取决于在主控制回路中识别的控制机制的特殊性。另外，通用控制通常为控制过程提供完整性。表 10.4 中列出的备选二级和三级控制回路都是通用控制。

第10章 分层的内部控制整合框架

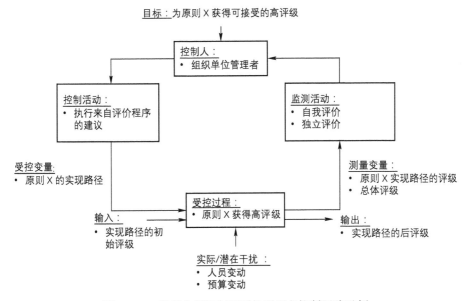

图 10.12　实现内部控制原则的通用主控制回路示例

图 10.13 举例说明了图 10.12 中原则 1 的特殊情况：监督机构和管理层对诚信和道德价值观的承诺。本例的实现路径摘自表 10.6。

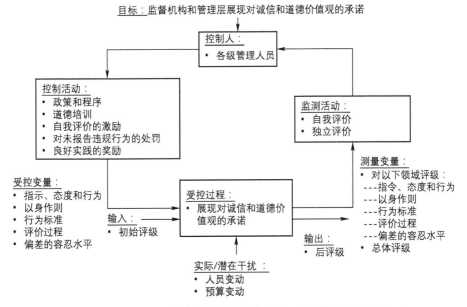

图 10.13　用于展现对诚信和道德价值观承诺的主控制回路的示例

10.5 总　　结

内部控制应源自组织的目标层级结构和运营标准，以及对影响组织实现这些目标和标准的能力的风险和机会驱动因素的考虑。风险和机会驱动因素取决于最显著影响总体风险和机会的因素，而不仅仅是根据单个风险和机会本身确定。内部控制措施的识别和评价，主要侧重于保护假设和/或纠正需要解决的实际和潜在缺陷，以便在决策者的风险容忍度和机会偏好范围内有效地控制总体风险和机会。

控制回路的结构可以分层方式导出和实现。此类结构应包含一个主控制回路和一系列嵌套的次级控制回路。可以从组织的战略目标开始，设计分层的控制回路，以提高实现这些目标的可能性。它们也可以从各种参考文献（如 GAO 绿皮书）中支持的内部控制原则发展而来，以提高满足这些原则的可能性。

创建分层控制结构的好处与创建分层组织管理结构的好处相同。首先，它们促进了角色和责任的定义，以确保所有重要的控制都有负责人或所有者以及监督者。这使得较低级别的组织单位意识到，他们具有支持"存在于较高级别组织的较高级别控制"的控制职责。此外，分层控制结构的优点是非常适合与 EROM 结构集成，EROM 结构在本质上也是分层的。

控制回路的层级结构在概念上类似于组织层级结构，但不必完全与组织层级结构一致。所需要的只是两者之间的映射，以便根据组织实体明确制定和实施控制的角色和职责。

这里提倡的方法，在哲学上与 COSO 内部控制框架中采用的方法有所不同。COSO 框架假定内部控制是全面风险管理（ERM）的输入，但 ERM 不需是内部控制的输入。本书的框架建议内部控制和 EROM 的双向整合，这更适合那些目标更多是技术性而非财务性的组织。

注　　释

① 在组织环境中开发分层控制回路的想法，有点类似于机械系统的级联控制（VanDoren，2014）。然而，令人惊讶的是，在本书之前，在分层组织结构中分层处理内部控制回路几乎没有被探索过。

参 考 文 献

Bolden, C. 2013. "Commercial Crew Development." Wikipedia website (April). http://blogs.nasa.gov/bolden/2013/04/.

Canfield, A. 2016. "The Evolution of the NASA Commercial Crew Program Mission Assurance Process," NASA Kennedy Space Center. https://ntrs.nasa.gov/archive/nasa/casi.ntrs.nasa.gov/20160006484.pdf.

Committee of Sponsoring Organizations of the Treadway Commission (COSO). 2004. "Enterprise Risk Management—Integrated Framework."

Committee of Sponsoring Organizations of the Treadway Commission (COSO). 2013. "Internal Control—Integrated Framework."

Government Accountability Office. (GAO). 2014. GAO-14-704G, The Green Book, Standards for Internal Control in the Federal Government. Washington, DC: Government Accountability Office.

Kirkpatrick, P., and Vassberg, N. 2014. "The Evolution of the NASA Commercial Crew Program (CCP) Safety Process." Proc. of 7th IAASS Conference: "Space Safety Is No Accident."

Leveson, N. 2011. Engineering a Safer World: System Thinking Applied to Safety. Cambridge, MA: The MIT Press.

Leveson, N., et al., 2005. "Risk Analysis of NASA Independent Technical Authority." Massachusetts Institute of Technology. website sunnydat.mit.edu.

National Aeronautics and Space Administration (NASA). 2011. NASA/SP-2011-3422. "NASA Risk Management Handbook." Washington, DC.

Office of Management and Budget (OMB). 2016. Circular A-123. "Management's Responsibility for Enterprise Risk Management and Internal Control." Wash-ington, DC.

Smith, M., and Erwin, J. 2005. "Role & Responsibility Charting (RACI)," PMForum.org.

VanDoren, V. 2014. "Fundamentals of Cascade Control." Control Engineering. Website http://www.controleng.com/single-article/fundamentals-of-cascade-control/bcedad6518aec409f583ba6bc9b72854.html.

附录 A 缩 略 语

AFR	annual financial report	年度财务报告
APG	annual performance goal, or agency priority goal	年度绩效目标，或机构优先级目标
API	annual performance indicator	年度绩效指标
APR	annual performance report	年度绩效报告
ASAP	aerospace safety advisory panel	航空航天安全咨询委员会
BPA	blanket purchase agreement	一揽子采购协议
CCP	commercial crew program	商业载人项目
CCTS	commercial crew transportation system	商业载人运输系统
CEO	chief operating officer	首席执行官
COSO	committee of sponsoring organizations	美国反虚假财务报告委员会下属的发起人委员会
CRM	continuous risk management	持续风险管理
CRO	chief risk officer	首席风险官
DM	decision maker	决策者
DoD	department of defense	美国国防部
DOE	department of energy	美国能源部
EKV	exoatmospheric kill vehicle	外大气层动能杀伤拦截器
EP	experienced personnel	经验丰富的人员
ERM	enterprise risk management	全面风险管理
EROM	enterprise risk and opportunity management	全面风险和机会管理
ES&H	environmental safety and health	环境安全和健康

续表

缩略语	英文全称	中文
EXT	external	外部
FMFIA	federal managers' financial integrity act	联邦管理者财务诚信法
GAO	government accountability office	美国政府问责局
GMD	ground-based midcourse defense	陆基中段拦截系统
GPRA	government performance and results act	美国政府绩效成果法
GPRAMA	GPRA modernization act	美国政府绩效成果法修正案
HST	hubble space telescope	哈勃太空望远镜
IG	inspector general	监察长
IIA	institute of internal auditors	内部审计师协会
INT	internal	内部
IR	infrared	红外线
IRM	institutional risk management	机构的风险管理
ISL	information systems laboratories, Inc.	信息系统实验室公司
ISS	international space station	国际空间站
IT	information technology	信息技术
ITAR	international traffic in arms regulations	国际武器贸易条例
JPL	jet propulsion laboratory	喷气推进实验室
JWST	James Webb space telescope	詹姆斯·韦伯太空望远镜
KPI	key performance indicator	关键绩效指标
LOC	loss of crew	乘组人员损失
LOM	loss of mission	任务损失
MDA	missile defense agency	导弹防御局
NASA	national aeronautics and space administration	美国国家航空航天局
OIG	office of inspector general	监察长办公室
OMB	offce of management and budget	美国行政管理和预算局
P (LOC)	probability of loss of crew	乘组人员损失的概率

续表

P（LOM）	probability of loss of mission	任务损失的概率
PMC	president's management Council	总统管理委员会
PPR	portfolio performance review	项目组合绩效评价
PRA	probabilistic risk assessment	概率风险评估
RIDM	pisk-informed decision making	风险知情决策
RACI	responsible, accountable, consulted, informed	批准、负责、咨询、知情
RM	risk management	风险管理
R-O	risk and opportunity	风险与机会
SAR	strategic annual review	战略年度评审
SLS	space launch system	空间发射系统
SMA	safety and mission assurance	安全和任务保证
SoA	statement of assurance	保证声明
SOAR	strategic objectives annual review (referred to externally as simply "strategic review")	战略目标年度评审（外部简称"战略回顾"）
SOFIA	stratospheric observatory for infrared astronomy	红外天文平流层天文台
STEM	science, technology, engineering and mathematics	科学、技术、工程和数学
TBD	to be determined	待定
TCA	technology capability assessment	技术能力评估
TRIO	technical research, integration, and operations	技术研究、集成和运营
TRL	technology readiness level	技术准备水平
UK	United Kingdom	英国
US	United States	美国
UU	unknown and/or underappreciated	未知和低估
WBS	work breakdown structure	工作分解结构

附录 B 定 义

年度绩效指标：机构的目标层级结构中，时间框架为一年或更短的期望结果。

持续风险管理：在总项目或项目的整个生命周期中，管理与设计、计划和过程实施相关风险的特定程序。

累积机会：能够比原计划更让人满意地达成机构目标层级结构中特定要素的可能性和好处，或能够更好地实现新目标或目的可能性和好处，这些新目标或目的能够促进机构使命的实现。

累积风险：无法满足机构目标层级结构中特定要素的可能性，以及该要素不满足的程度。

全面风险和机会管理：组织用来管理与实现其目标相关的风险和抓住机会的方法和程序。

扩展企业：涉及多个合作伙伴或实体且职责重叠的总项目、项目或协调活动。除了为同一个总项目/项目/活动作出贡献外，每个合作伙伴都是独立的企业，拥有自己的一套战略目标和绩效要求。

扩展组织：与中心交互的组织单位的集合。中心的扩展组织包括与中心在总项目/项目规划和执行方面进行互动的所有扩展企业中的实体，以及为中心提供指导和行政支持的机构内外的其他实体。

内部控制：管理层用来帮助组织内的总项目、项目和其他活动取得成果，并保证其运营的完整性的一套政策和程序。

滞后指标：一种可追溯的量化度量，与组织在一个或多个目标的过去绩效相关。

先行指标：一种可追溯的量化度量，作为组织的一个或多个目标未来成功可能性的预测指标，并且可采取行动。

多年绩效目标：机构目标层级结构中，时间框架为时间范围为 1~5 年（在 NASA 通常简称为绩效目标）的期望结果。

目标层级结构：期望结果的树状结构，从顶部开始，具有长期战略目标，然后逐渐发展到战术成果（在 NASA 通常称为战略绩效框架）。

机会：更有效地实现现有目的、目标或期望结果的可能性，或新目的、目标或预期结果变得可行的可能性。

机会情景：一系列特定的可能事件，如果它们发生，将有机会增加机构目标层级机构中的某一要素的实现可能性，或者开启与机构任务一致的新目标的可能性。

机会情景说明：使用一个或多个条件，赋能事件或潜在进展，受影响的实体、行动、收益和受影响的目标，对机会情景的描述。

平价声明：用等效的不适或舒适程度，来定义风险和机会边界的声明。

绩效指标：一种滞后指标，用来衡量过去行动在实现绩效目标方面的效率和效果。

项目组合：用于实施战略计划中的高级别目的和目标的一组总项目、项目、机构资产以及其他活动和资源。

项目组合绩效评价：对机构在其战略目标和其他绩效指标（如成本、进度、合同和技术承诺）方面的表现，进行的内部、自下而上的评审。

应对边界：度量风险情景的可能性和严重性，或表明迫切需要采取行动的机会情景的可能性和潜在收益的度量。风险应对边界标志着"微小"和"不可容忍"风险之间的边界，机会应对边界标志着"微小"和"重要"机会之间的边界。

应对触发值：表明需要立即采取行动的先行指标的值。当风险从"微小"发展到"不可容忍"，或机会从"微小"发展到"重要"时，先行指标应对触发值发出信号。

风险：不能实现目标、目的或预期结果的可能性。

风险知情决策：使用风险分析结果为决策备选方案的选择提供信息，并确保目标和目的实现的有效方法。

风险情景：一种特定的关注点，以一系列可能的事件为特征，被认为对实现目标层级机构中的要素的能力构成风险。

风险情景说明：使用一个或多个条件、偏离事件、受影响的实体和结果，对风险情景的描述。

战略目的：机构目标层级结构中期望的战略结果，时间框架为10年或更长。

战略目标：机构目标层级中期望的战略结果，时间框架为5～10年或更短。

战略绩效评价：对组织实现其战略目标的绩效进行的评审。

战略规划书：用于与组织沟通的文件，包括组织的目的和目标、实现这些目标所需的行动，实施这些行动的方法，以及在规划制定过程中的所有其他关键要素。

战略规划：一个组织制定其战略或方向，并决定如何分配其资源以实施其战略的过程。它还可以扩展到指导战略实施的控制机制。

监控边界：度量风险情景的可能性和严重性，或表明应考虑但不迫切需要采取行动的机会情景的可能性和潜在收益的度量。风险应对边界标志着"可容忍"和"微小"风险之间的边界，机会应对边界标志着"不重要"和"微小"机会之间的边界。

监控触发值：表明应考虑但不迫切需要采取行动的先行指标的值。当风险从"可容忍"发展到"微小"，或当机会从"不重要"发展到"重要"时，先行指标监控值会发出信号。

附录 C 本 书 网 站

本书中所有数据的全彩色版本在本书的网站 www.wiley.com/go/enterprise-risk。密码：risk17。

附录 D　关 于 作 者

艾伦·S. 本杰明博士是信息系统实验室公司（Information Systems Laboratories, Inc.）的高级科学研究员、独立顾问以及 NASA 总部风险管理和系统安全技术服务的提供商。他在航天航空系统、核反应堆系统、核武器系统、弹道导弹系统和军用卫星系统的设计和分析方面拥有约 50 年的经验。他的专业领域包括风险管理、概率风险评估、不确定性分析、可靠性分析、空气动力学分析和热分析。除了美国国家航空航天局，他还为能源部和国防部、核管理委员会、桑迪亚国家实验室、洛斯阿拉莫斯国家实验室、导弹防御局、潘特克斯工厂、波音公司、洛克希德·马丁公司、诺斯罗谱·格鲁曼公司、轨道科学公司及各种小型公司工作和/或提供咨询。他在布朗大学和加州大学洛杉矶分校获得高级学位。

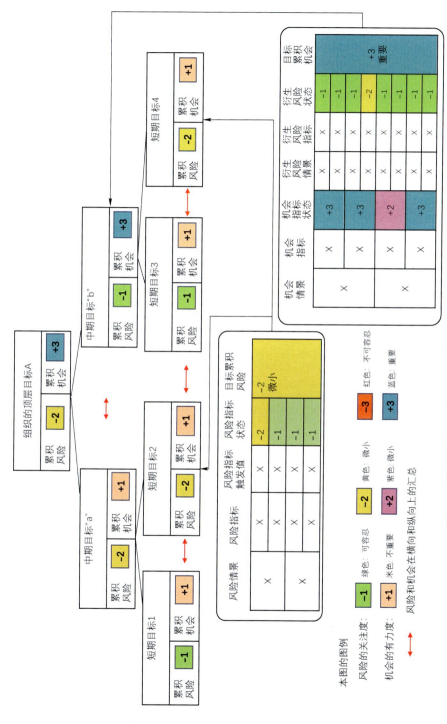

图 3.5 将风险和机会信息与组织目标层级结构中的目标相关联

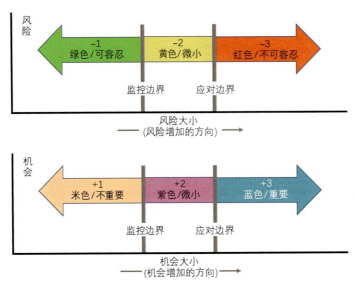

图 3.6 风险和机会的监控和应对边界

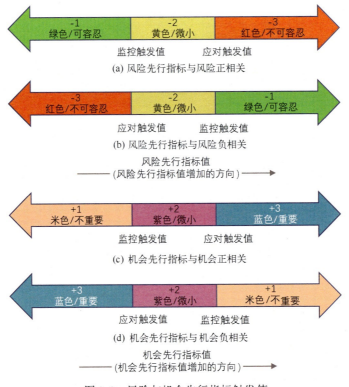

图 3.8 风险与机会先行指标触发值

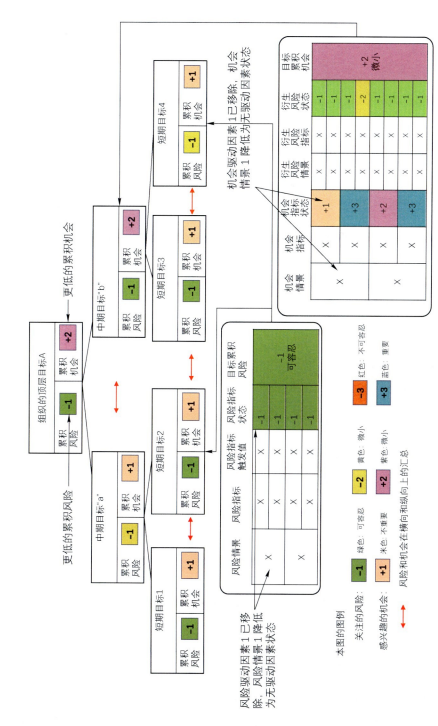

图 3.9 假设结果显示风险驱动因素的移除如何影响累积风险，机会驱动因素的移除如何影响累积机会

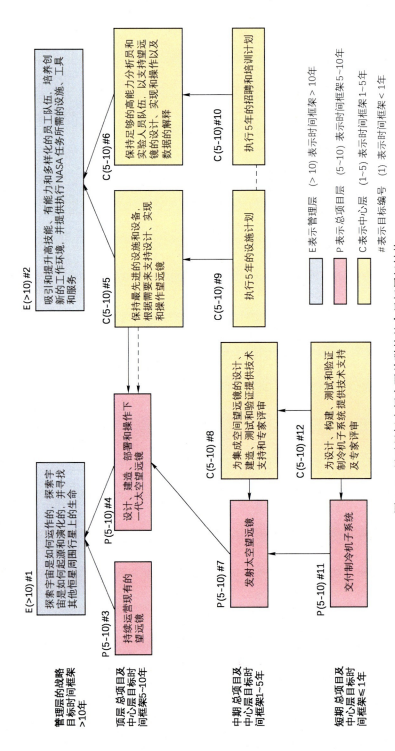

图 4.4 显示目标之间主要关联的整合目标层级结构

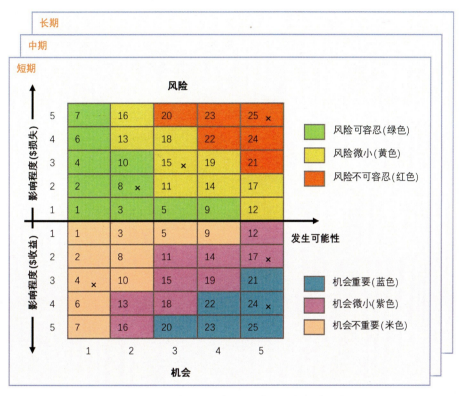

图 6.12 量化财务目标的风险和机会矩阵示例

彩 5

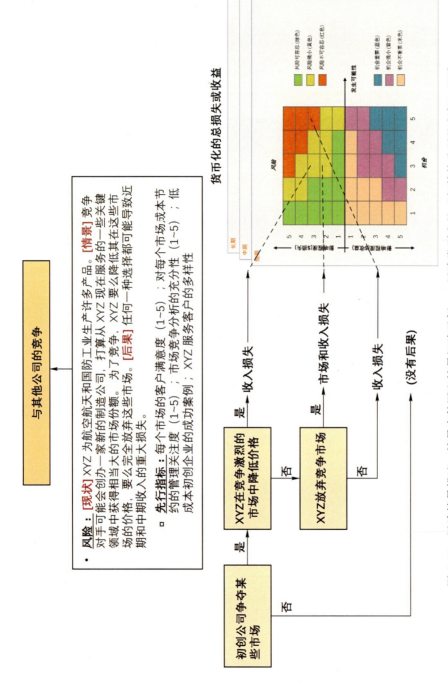

图 6.13 风险情景描述、情景事件图和情景矩阵示例——风险类别中的"与其他公司的竞争"风险

新技术开发

- **机会:[现状]** 一家供应商向 XYZ 提出了开发新技术的想法。该技术有望以更低的运营成本提供比当前技术更好的性能。供应商已提议与 XYZ 分担新技术的开发成本和所有权。**[情景]** XYZ 可能会选择支持新技术开发,并打算在它可用时使用它。**[好处]** 虽然一开始的初期的支出会造成损失,但以较低的运营成本开发新技术可能会最终带来显著的收益。
- **引入的风险:[现状]** 新技术的性能、开发新技术的成本、运行新技术的成本。**[情景]** XYZ 与供应商之间的信任度。
  - **先行指标:[现状]** 类似新技术出现过意外的技术问题。成本被低估或安全隐患、质量等问题。供应商一直做得很成功,新技术有可能不会成功,也有可能成本远超预期,有可能成本产生安全隐患,直到产品部署后事故发生才被发现。**[后果]** 这些增值会导致大量的额外费用和/或收入损失。责任和或业务损失的保险范围;新运行技术木的严重事故和费用月兆的历史增长率。
  - **先行指标:** 新飞机采用的新技术数量;制造商和供应商的检验和确认质量(1~5);可靠性随服务时间增长的历史增长率

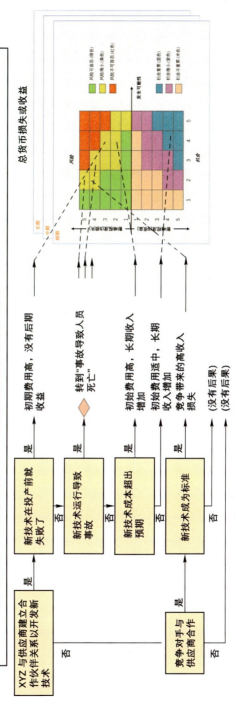

图 6.14 风险情景描述、情景事件图和情景矩阵示例——风险类别中的"新技术开发"风险